愉快學寫字 8

寫字練習：組合筆畫

新雅文化事業有限公司
www.sunya.com.hk

有了《愉快學寫字》，幼兒從此愛寫字
——給家長和教師的使用指引

《愉快學寫字》叢書是專為**訓練幼兒的書寫能力、培養其良好的語文基礎**而編寫的語文學習教材套，由幼兒語文教育專家精心設計，參考香港及內地學前語文教育指引而編寫。

叢書共 12 冊，內容由淺入深，分三階段進行：

	書名及學習內容	**適用年齡**	**學習目標**
第一階段	《愉快學寫字》1-4 （寫前練習 4 冊）	3 歲至 4 歲	- 訓練手眼協調及小肌肉。 - 筆畫線條的基礎訓練。
第二階段	《愉快學寫字》5-8 （筆畫練習 2 冊） （**寫字練習** 2 冊）	4 歲至 5 歲	- 學習漢字的基本筆畫。 - 掌握漢字的筆順和結構。
第三階段	《愉快學寫字》9-12 （寫字和識字 4 冊）	5 歲至 7 歲	- 認識部首和偏旁，幫助查字典。 - 寫字和識字結合，鞏固語文基礎。

幼兒通過這 12 冊的系統訓練，已**學會漢字的基本筆畫、筆順、偏旁、部首、結構和漢字的演變規律，為快速識字、寫字、默寫、學查字典打下良好的語文基礎。**

叢書的內容編排既全面系統，又循序漸進，所設置的練習模式富有童趣，能令幼兒「愉快學寫字，從此愛寫字」。

第 7 至 8 冊「寫字練習」內容簡介：

這 2 冊練習具有以下特點：

1.「唱筆順」，邊唱邊作示範書寫，能加強幼兒對漢字的記憶，幫助幼兒識字和默寫。
2. 字詞是抽象概念的符號，為使幼兒對學習生字和寫生字感興趣，特別設置「有趣的漢字」欄目，利用直觀的圖像加深幼兒對漢字的理解和記憶。
3. 每個寫字練習有「配詞練習」，讓幼兒認識文字的運用。
4. 採用「田字格」格式，讓幼兒書寫更工整。

牢記漢字書寫口訣：

先橫後豎，先撇後捺。從上到下，從左到右。

先外後內，先外後內再封口。先中間，後兩邊。

孩子書寫時要注意的事項：

1. 把筆放在孩子容易拿取的容器，桌面要有充足的書寫空間及擺放書寫工具的地方，保持桌面整潔，培養良好的書寫習慣。
2. 光線要充足，並留意光線的方向會否在紙上造成陰影。例如：若小朋友用右手執筆，枱燈便應該放在桌子的左邊。
3. 坐姿要正確，眼睛與桌面要保持適當的距離，以免造成駝背或近視。
4. 3-4 歲的孩子小肌肉未完全發展，**可使用粗蠟筆、筆桿較粗的鉛筆，或三角鉛筆**。
5. 不必急着要孩子「畫得好」、「寫得對」，重要的是讓孩子畫得開心和享受寫字活動的樂趣。

正確執筆的示範圖：

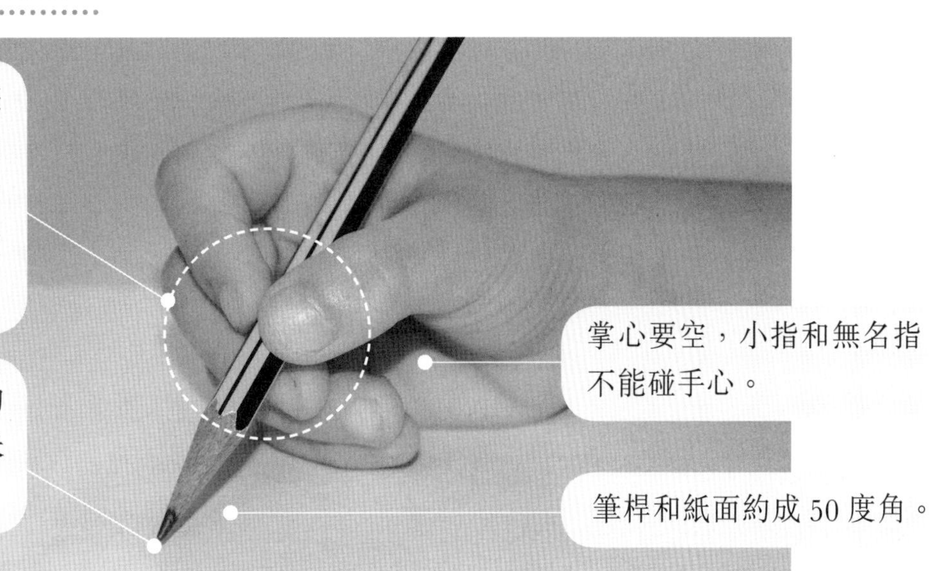

正確寫字姿勢的示範圖：

目錄

火（撇點）……6
羊（撇點）……7
米（撇點）……8
小（豎鈎）……9
牙（豎鈎）……10
竹（豎鈎）……11
子（彎鈎）……12
手（彎鈎）……13
毛（豎彎鈎）……14
元（豎彎鈎）……15
巾（橫折鈎）……16
布（橫折鈎）……17
母（橫折鈎）……18
肉（橫折鈎）……19
角（橫折鈎）……20
雨（橫折鈎）……21
門（橫折鈎）……22
虫（長提）……23
羽（短提）……24
沙（短提）……25
幼（撇折）……26
女（撇點）……27
安（橫鈎）……28
水（橫撇）……29
友（橫撇）……30
皮（橫撇）……31
瓜（豎提）……32
衣（豎提）……33
九（橫折彎鈎）……34
弓（豎折折鈎）……35
心（臥鈎）……36
風（橫折斜彎鈎）……37
氣（橫折斜彎鈎）……38
複習……39

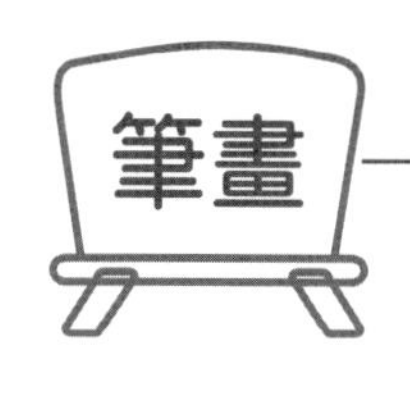

——漢字筆畫的基本形式是點和線，點和線構成漢字的不同形體。

漢字的主要筆畫有以下八種：

名稱	點	橫	豎	撇	捺	提（挑）	鈎	折
筆形	丶	一	丨	丿	㇏	㇀	亅	㇕

筆畫的寫法

漢字楷書的筆順規劃主要有以下七條：

	規劃	例字	筆順
1.	先橫後豎	十	一　十
2.	先撇後捺	人	丿　人
3.	從上到下	三	一　二　三
4.	從左到右	什	亻　什
5.	先外後內	同	丨　冂　冂　同
6.	先外後內再封口	日	丨　冂　月　日
7.	先中間後兩邊	小	亅　小　小

＊ 指導兒童正確掌握筆順，能夠幫助兒童提高書寫水平和書寫速度。

筆畫練習——撇點

有趣的漢字： → 火

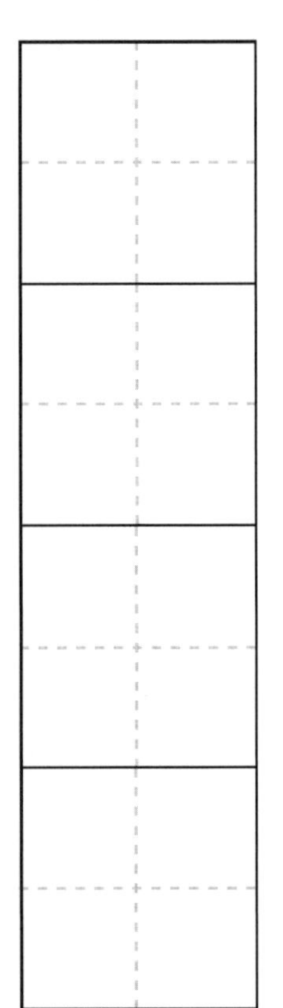
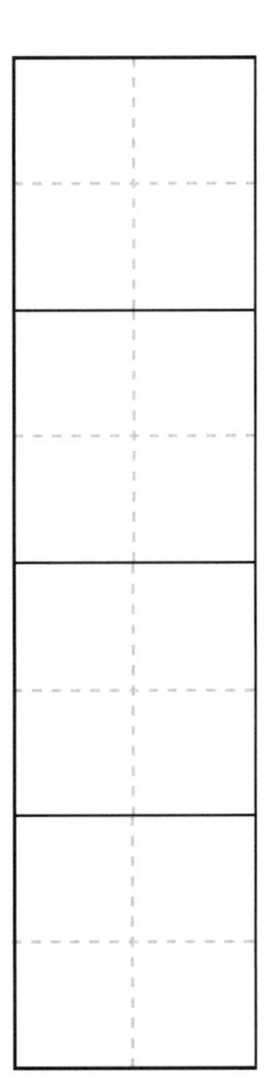
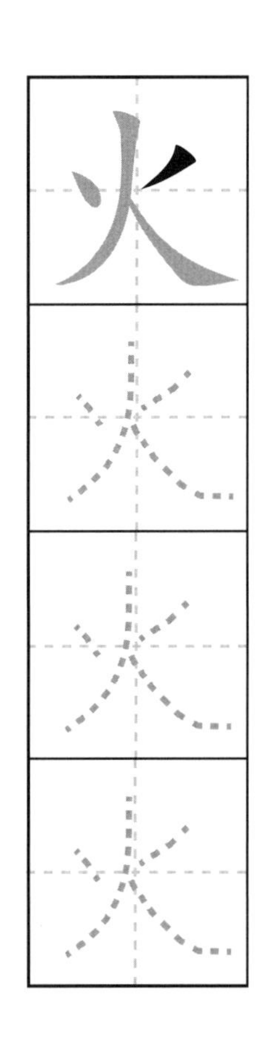

唱筆順：火 四畫

點 丶
撇點 丷
撇 火
捺 火

配詞——在空格內填上適當的字：

＿＿車 

＿＿箭 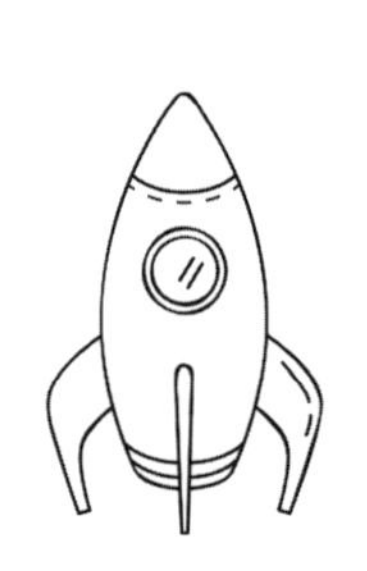

筆畫練習——撇點

有趣的漢字：

唱筆順：羊

六畫

筆畫	筆形
點	丶
撇點	丷
橫	䒑
橫	𦍌
橫	𦍌
豎	羊

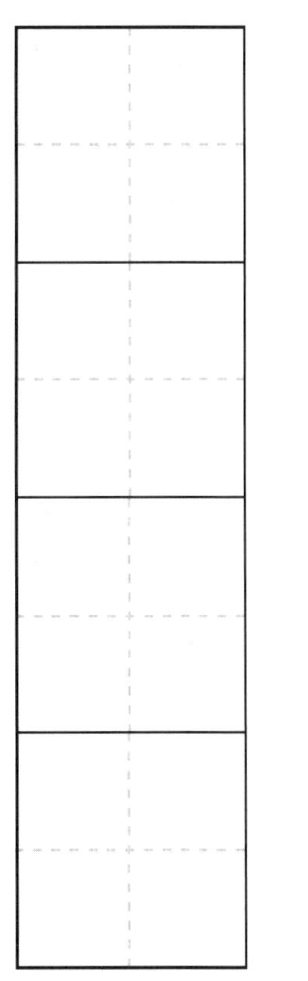

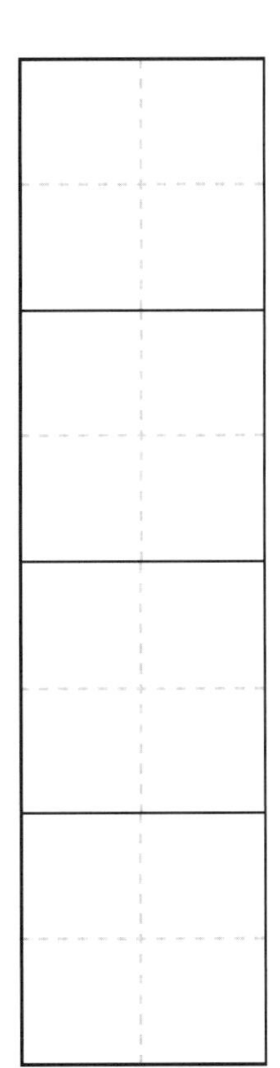

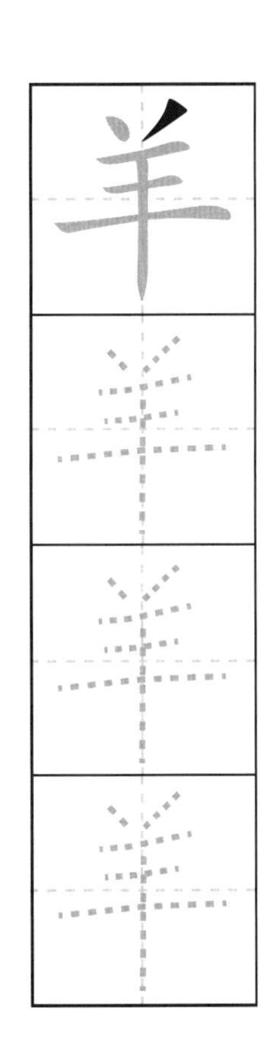

配詞 —— 在空格內填上適當的字：

＿＿毛

綿＿＿

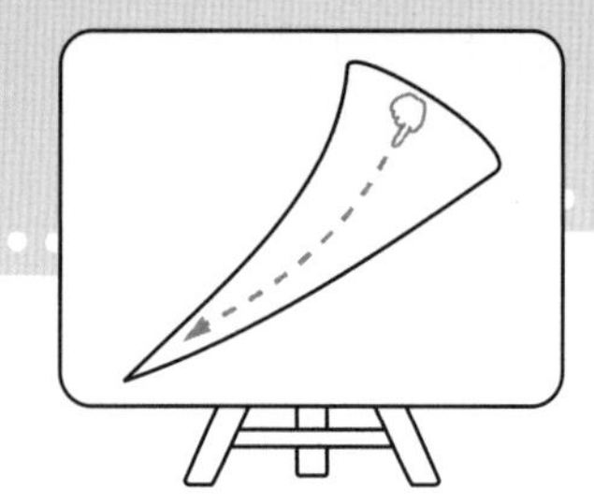

筆畫練習——撇點

有趣的漢字： → 米 → 米

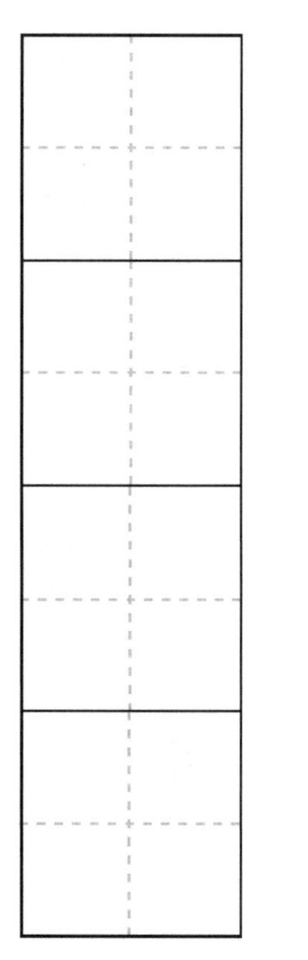
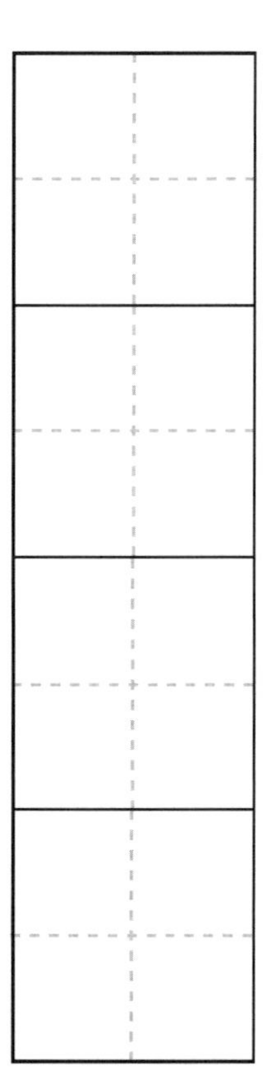
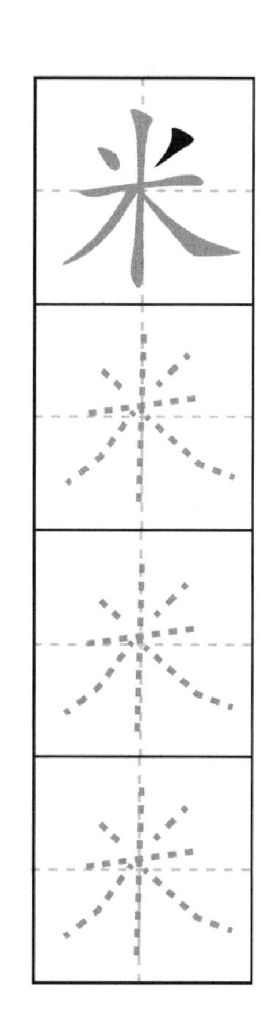

唱筆順：米　六畫

點　丶
撇點　丷
橫　䒑
豎　半
撇　米
捺　米

配詞——在空格內填上適當的字：

稻______ 

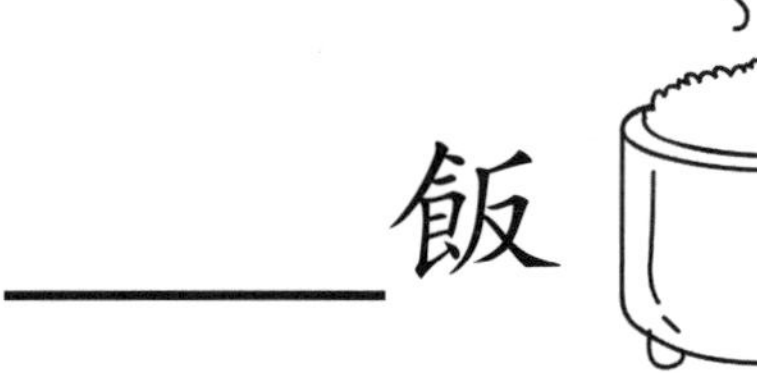______飯 

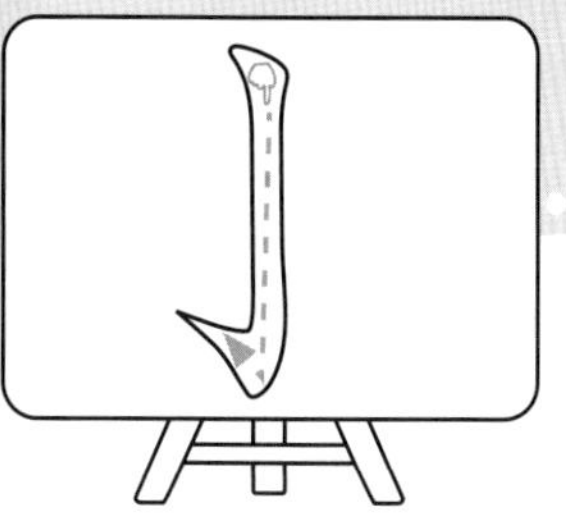

筆畫練習——豎鈎

有趣的漢字：∴ → 小 → 小

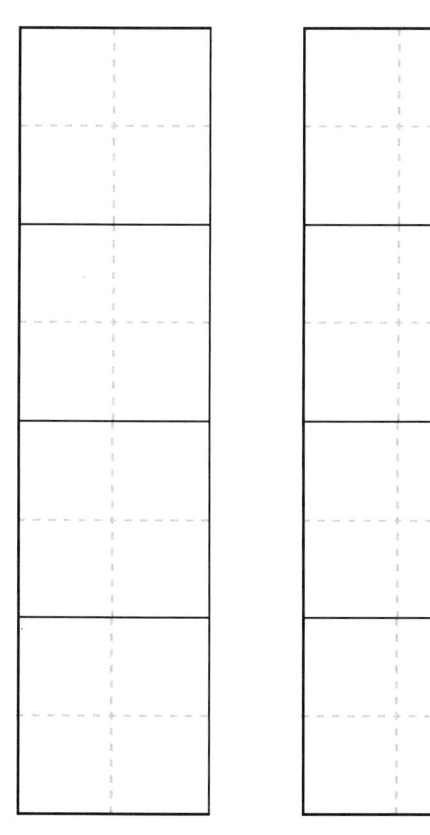

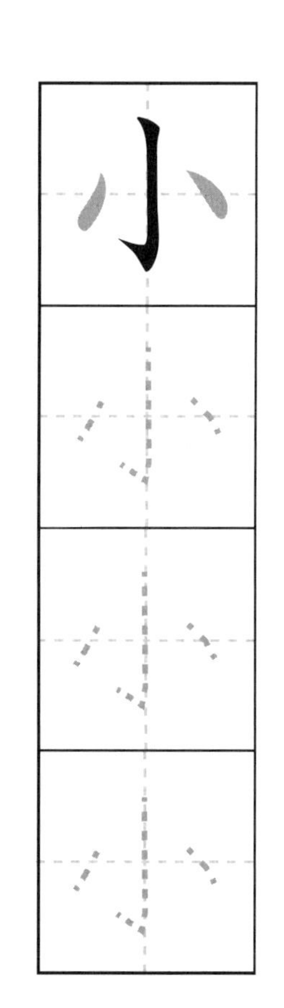

唱筆順：小 三畫

豎鈎 亅

點 小

點 小

配詞——在空格內填上適當的字：

_____狗 

_____孩子 

筆畫練習——豎鈎

有趣的漢字： → 𠀃 → 牙

唱筆順： 牙 **四畫**

筆順	筆畫
一	橫
二	豎折
于	豎鈎
牙	撇

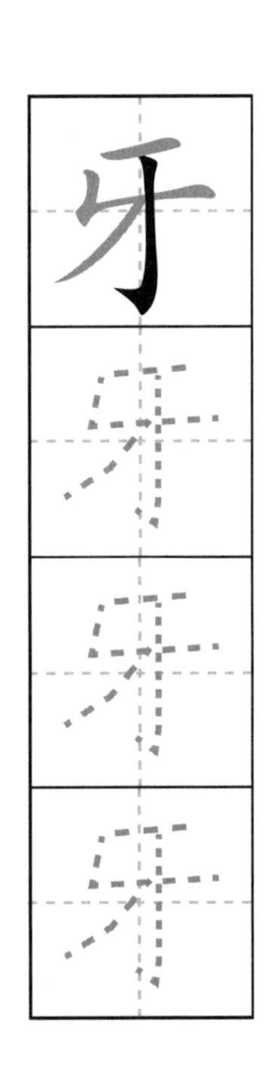

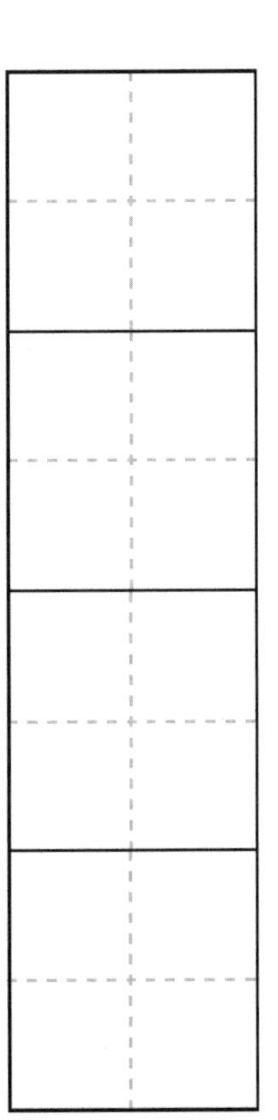

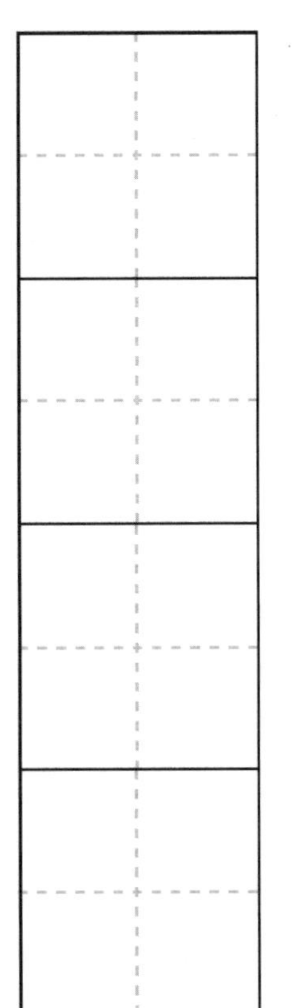

配詞——在空格內填上適當的字：

______齒 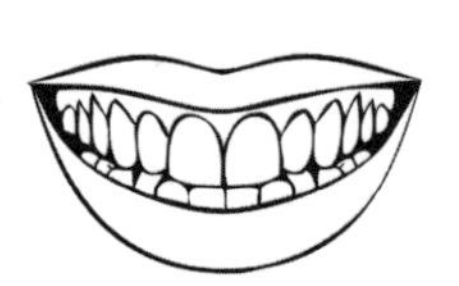　　______刷 

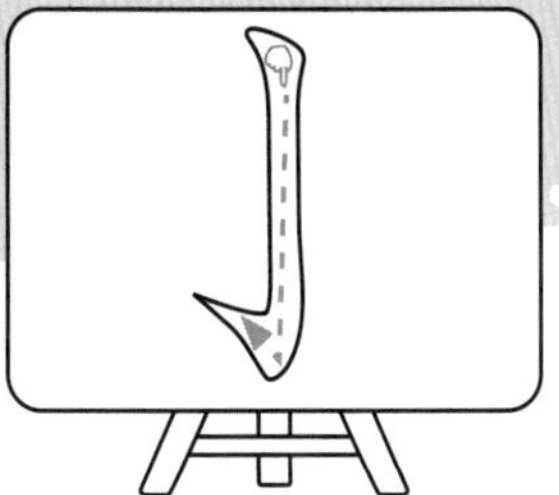

筆畫練習——豎鈎

有趣的漢字： → → 竹

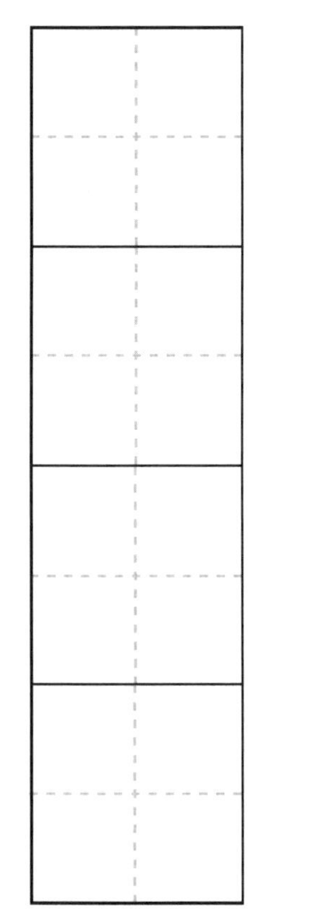

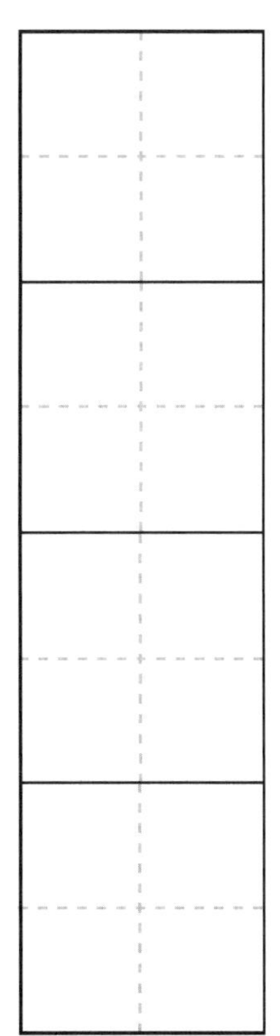

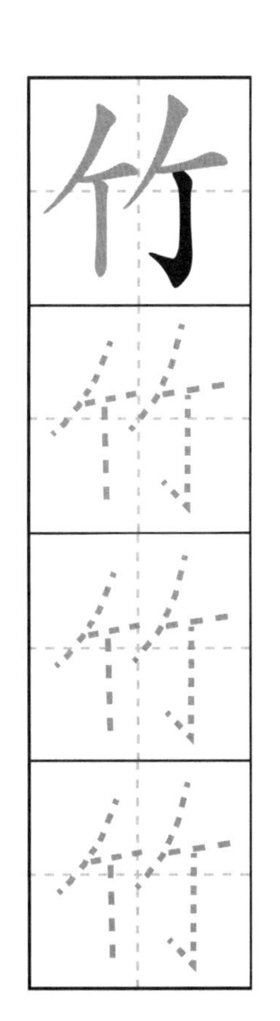

唱筆順：竹 **六畫**

筆順	筆畫
ノ	撇
𠂉	橫
𠂉	豎
竹	撇
竹	橫
竹	豎鈎

配詞 —— 在空格內填上適當的字：

______林

______竿

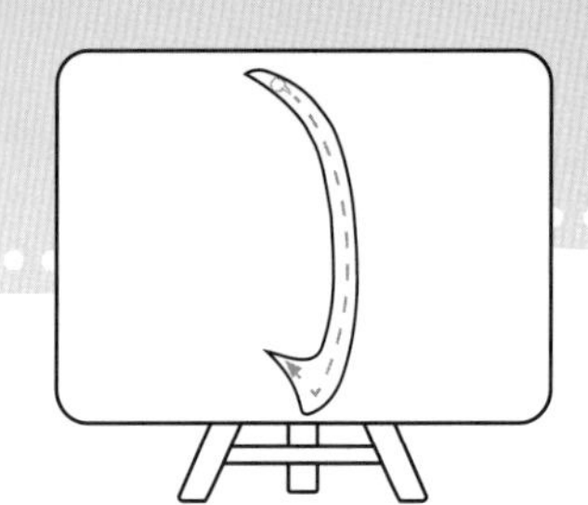

筆畫練習——彎鈎

有趣的漢字： → 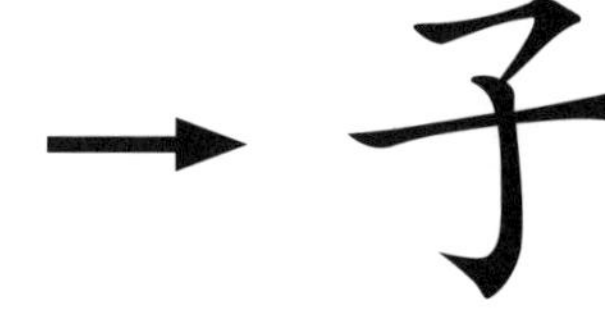

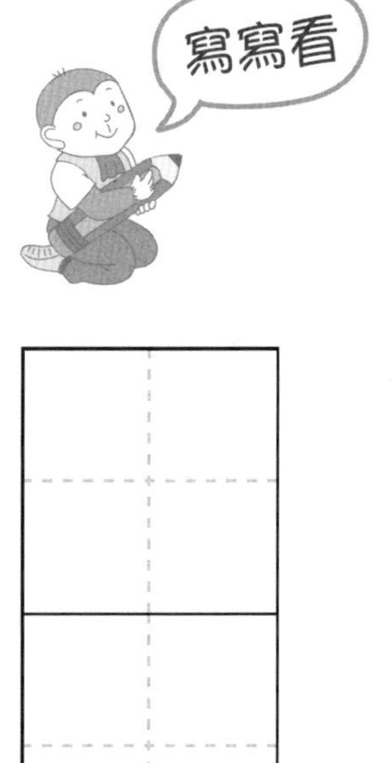

唱筆順：子 三畫

橫撇 彎鈎 橫

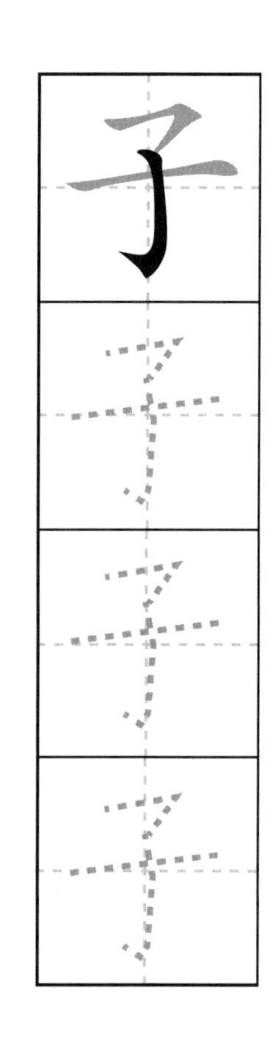

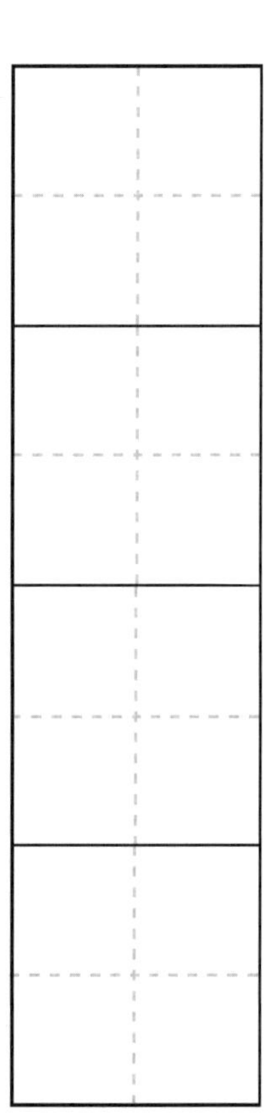

配詞——在空格內填上適當的字：

男孩＿＿＿ 

棋＿＿＿ 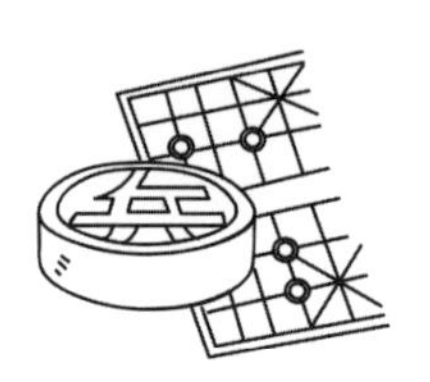

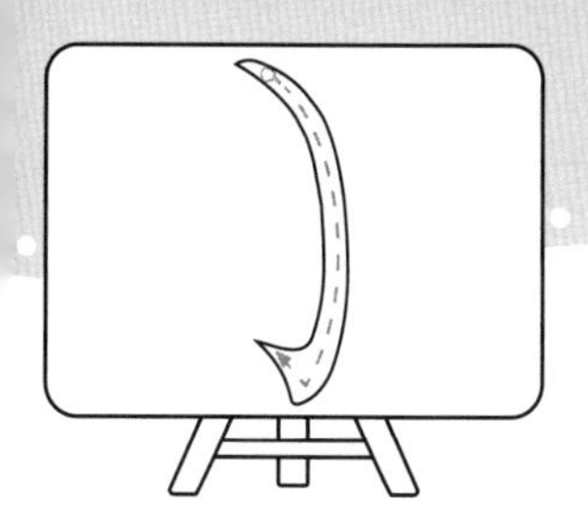

筆畫練習——彎鉤

有趣的漢字： → → 手

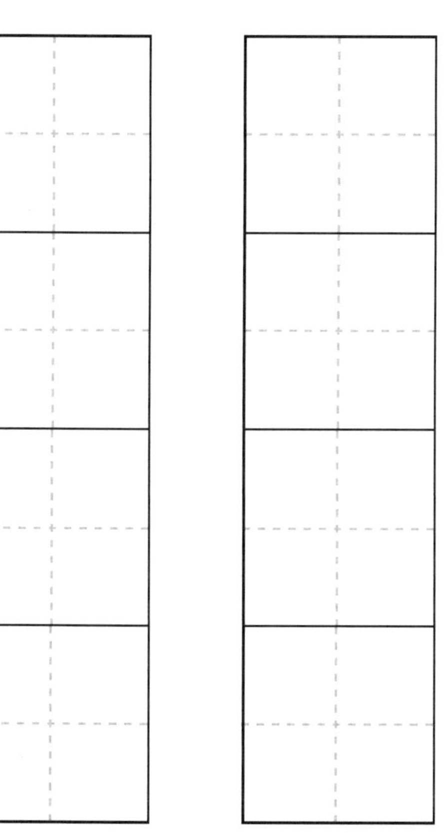

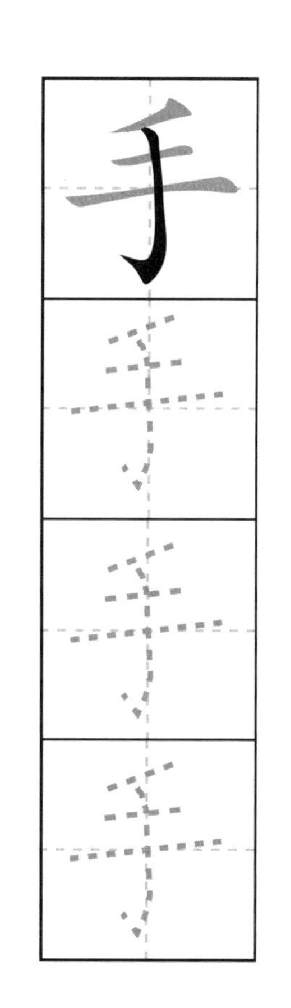

唱筆順：手 四畫

筆畫	筆順
平撇	一
橫	二
橫	三
彎鉤	手

配詞——在空格內填上適當的字：

＿＿＿帕 

＿＿＿指

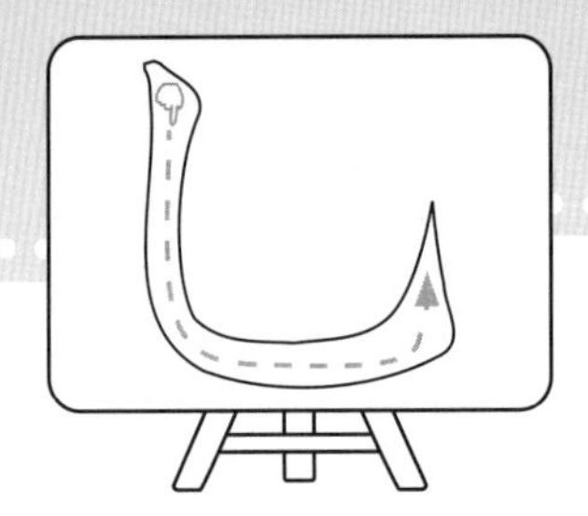

有趣的漢字：

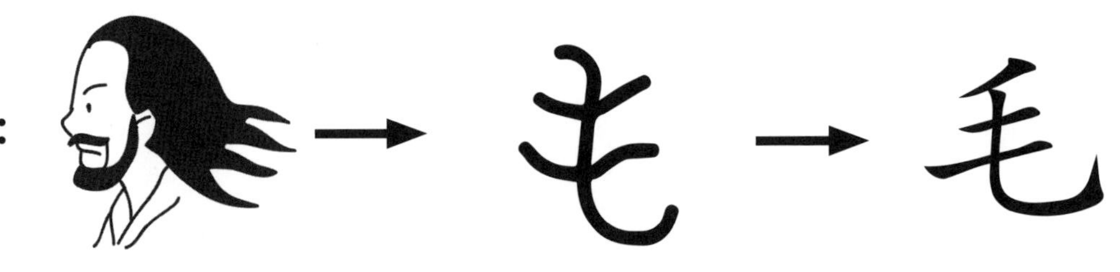

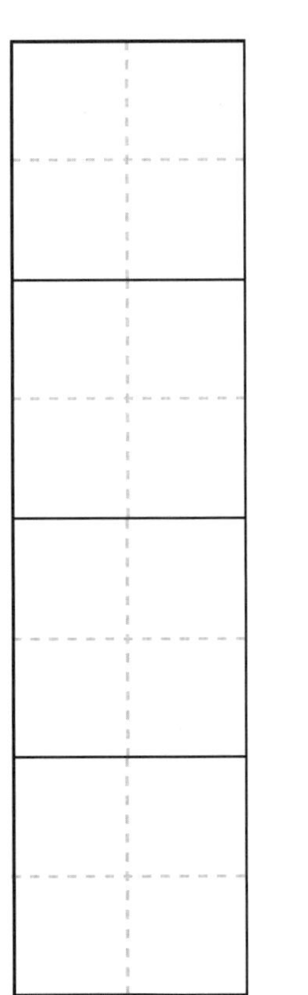

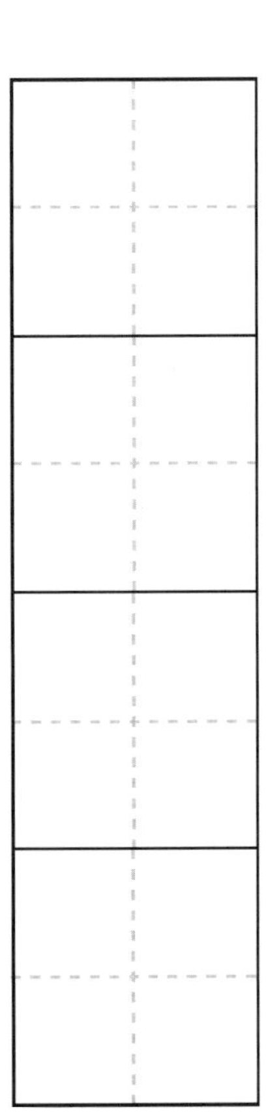

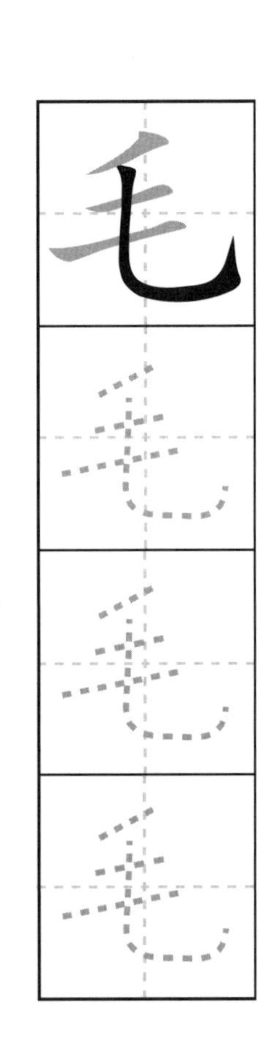

唱筆順：毛　四畫

筆順	筆畫
ノ	平撇
二	橫
三	橫
毛	豎彎鉤

配詞 —— 在空格內填上適當的字：

______衣

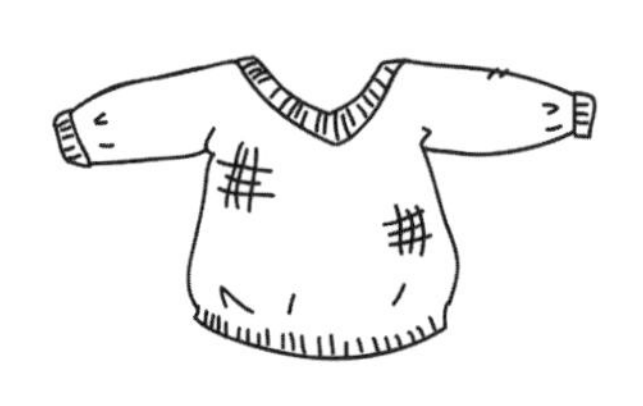

______蟲

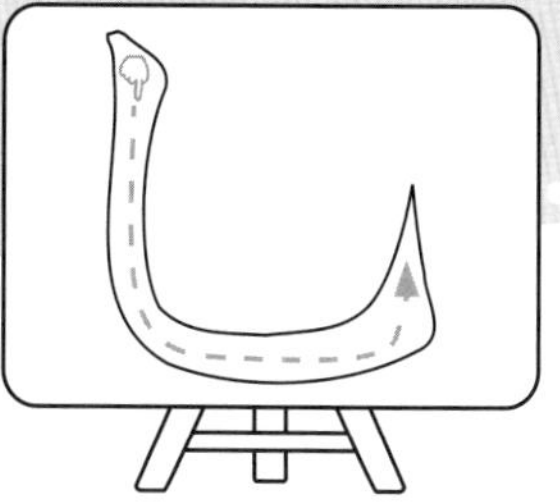
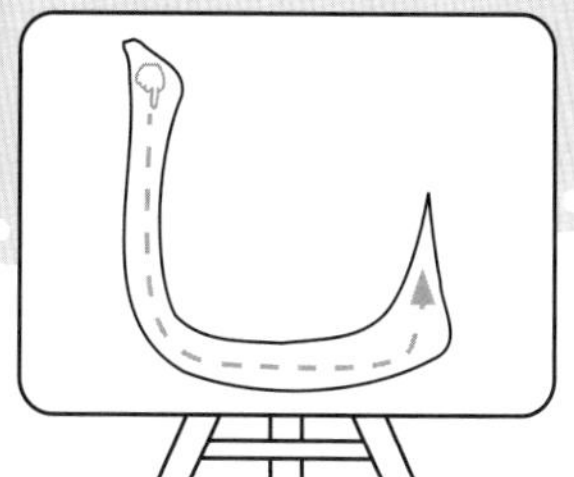

筆畫練習——豎彎鈎

有趣的漢字：

→ 元

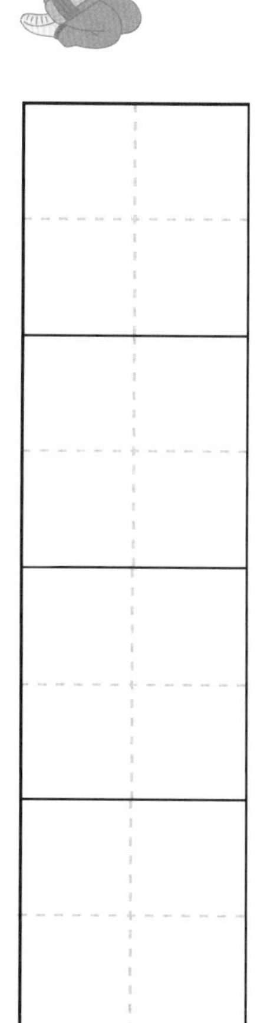

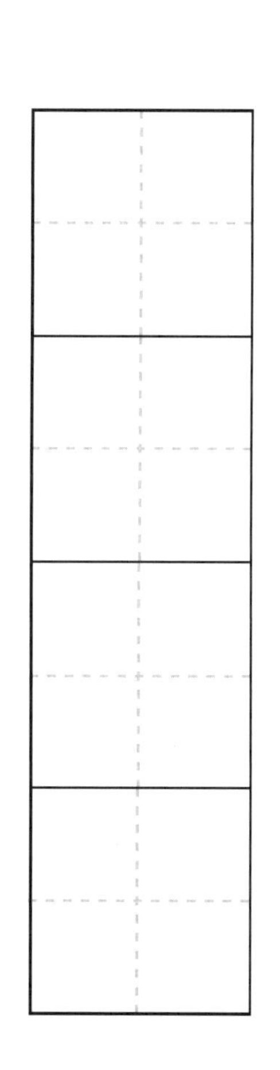

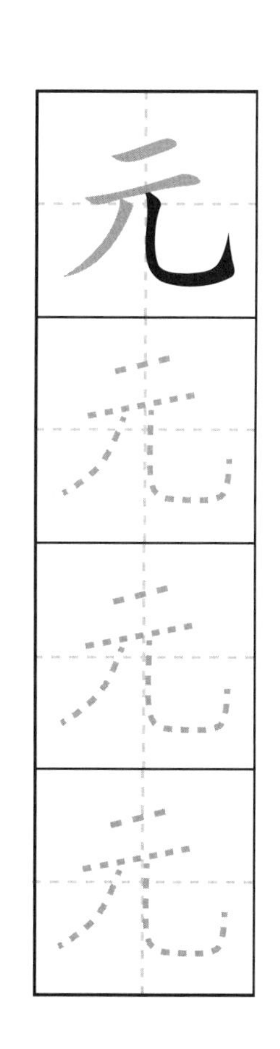

唱筆順：元 四畫

一 橫

二 橫

𠀀 撇

元 豎彎鈎

配詞——在空格內填上適當的字：

一_____

_____旦

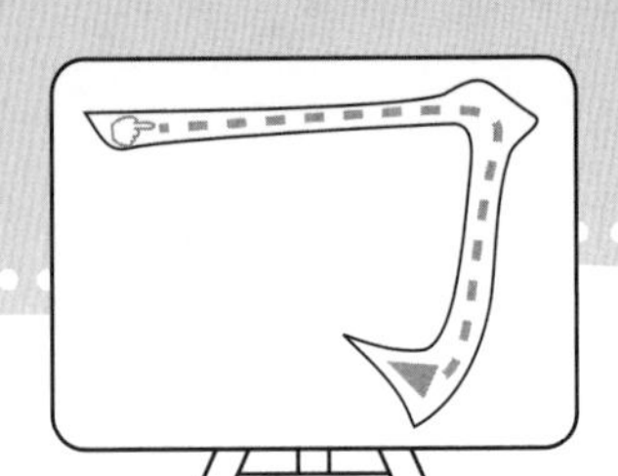

筆畫練習——橫折鈎

有趣的漢字：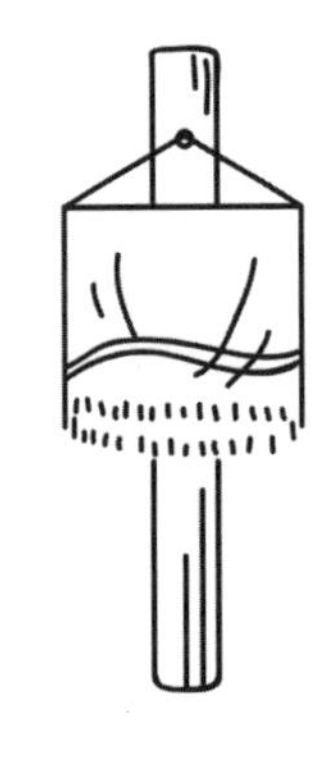 → 巾 → 巾

唱筆順：巾　三畫

豎　橫折鈎　豎

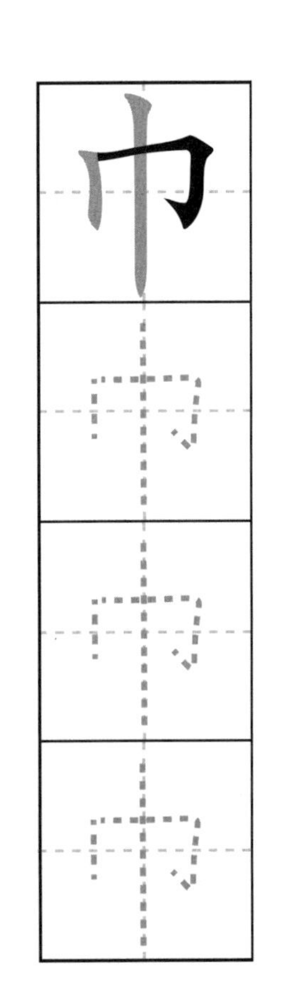

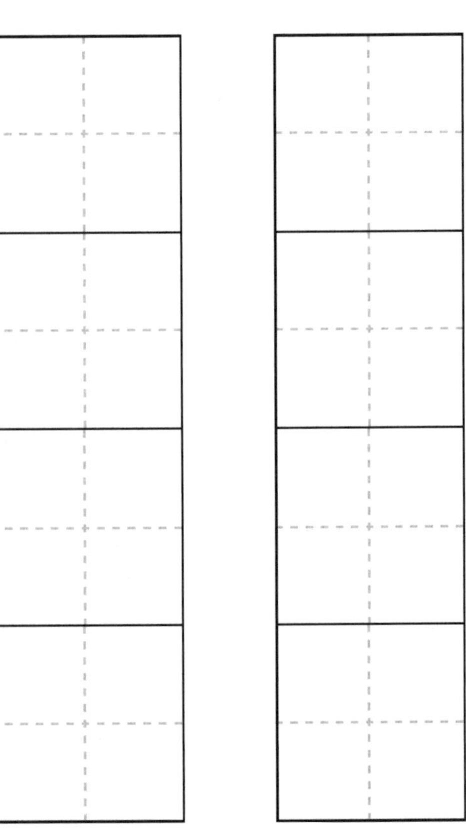

配詞——在空格內填上適當的字：

毛____ 

圍____ 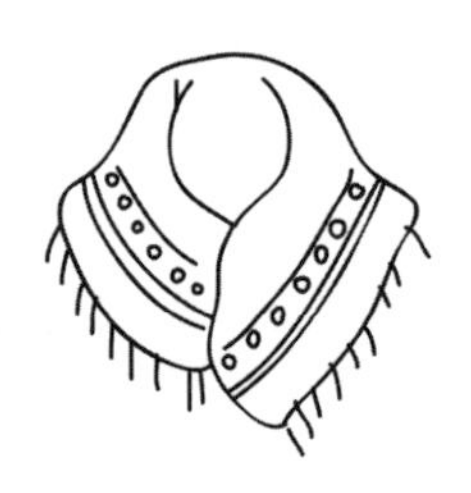

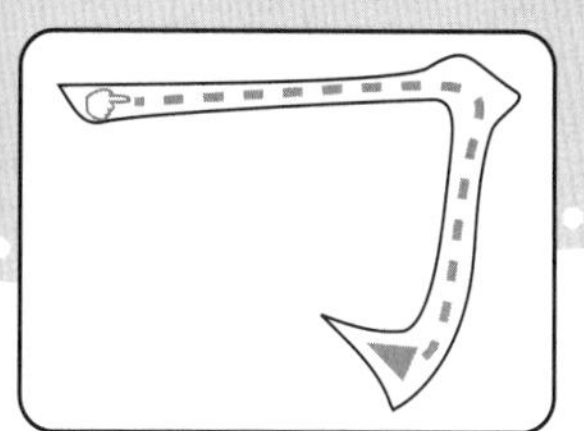

筆畫練習——橫折鈎

有趣的漢字：

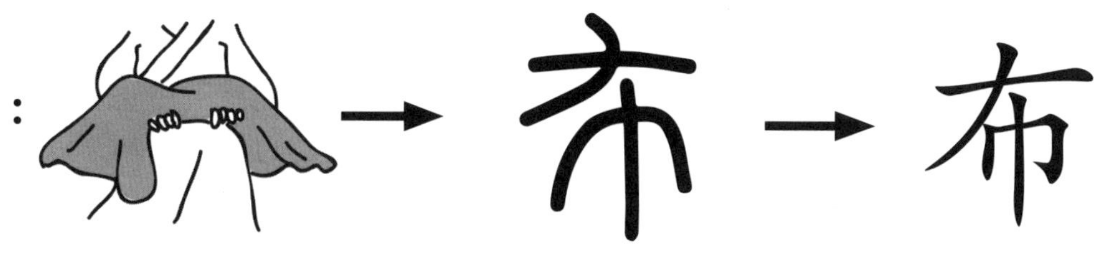

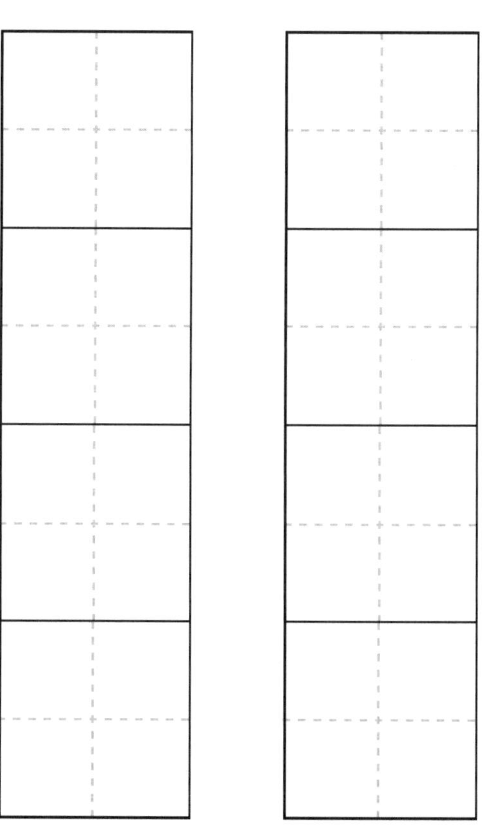

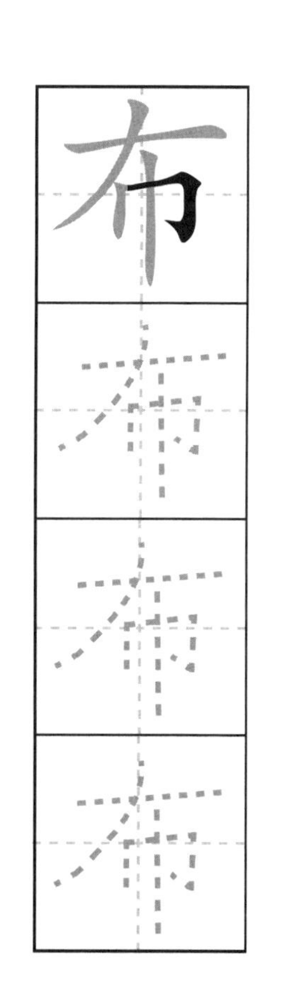

唱筆順： 布 **五畫**

一 橫
ナ 撇
十 豎
冇 橫折鈎
布 豎

配詞——在空格內填上適當的字：

______鞋 

______袋 

筆畫練習——橫折鈎

有趣的漢字： → 母

唱筆順：母 五畫

豎折 橫折鈎 點 點 橫

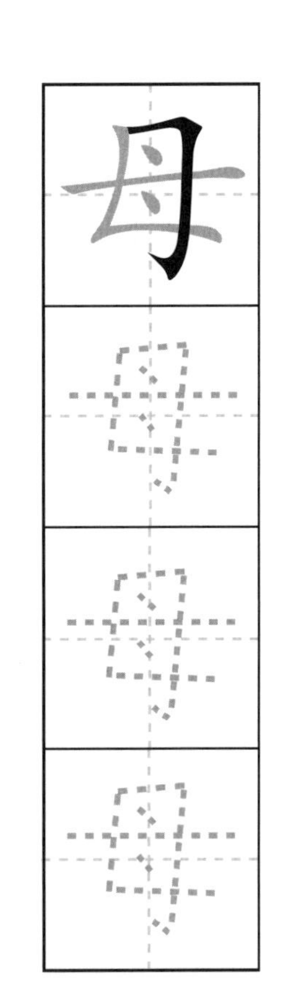

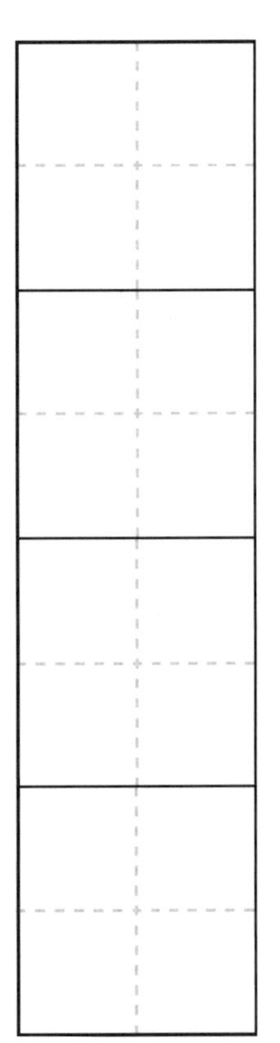

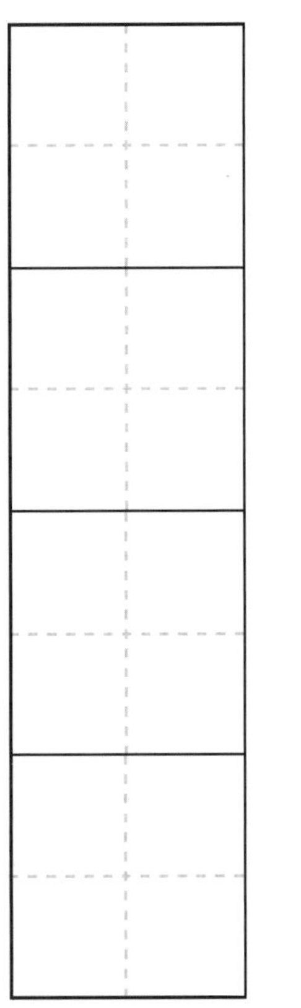

配詞——在空格內填上適當的字：

_____親 

_____雞 

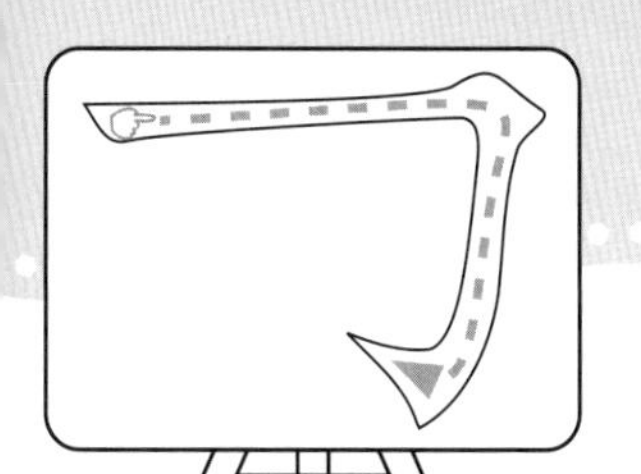

筆畫練習——橫折鈎

有趣的漢字：  → → 肉

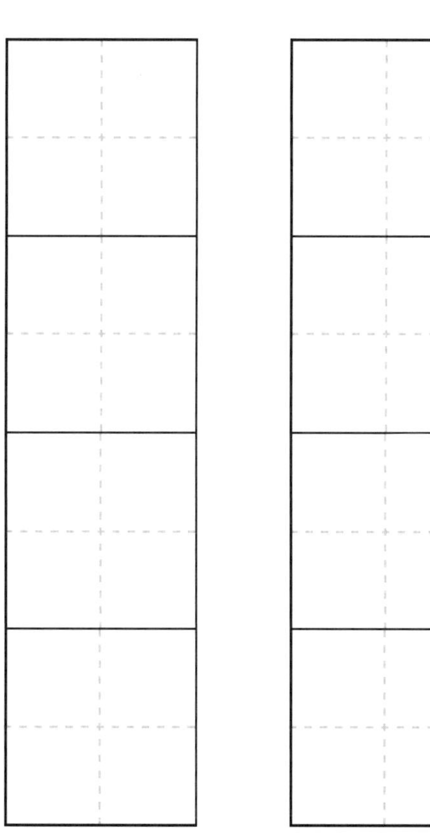

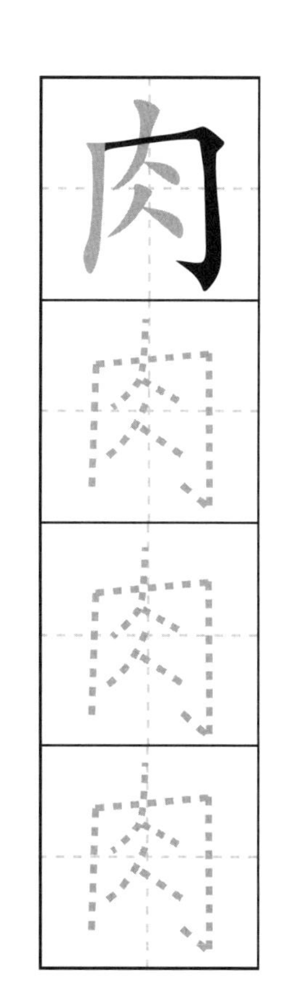

唱筆順：肉 **六畫**

豎 丨
橫折鈎 冂
撇 ⺆
點 内
撇 肉
點 肉

配詞——在空格內填上適當的字：

豬＿＿ 

肌＿＿ 

筆畫練習——橫折鈎

有趣的漢字：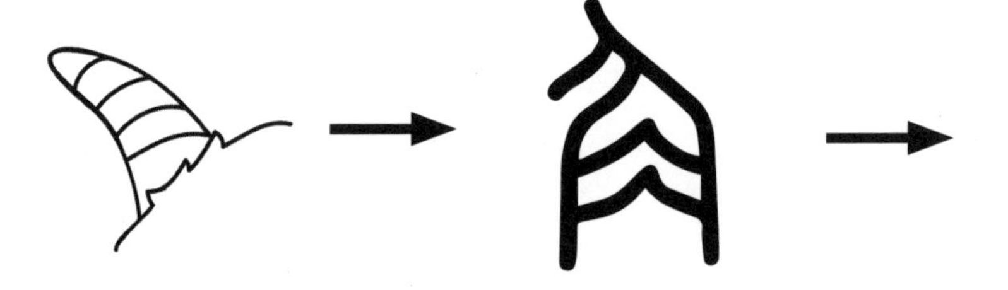

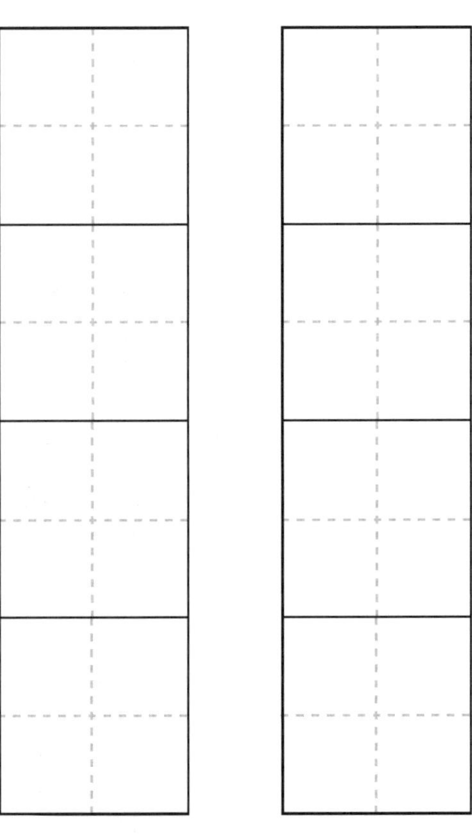

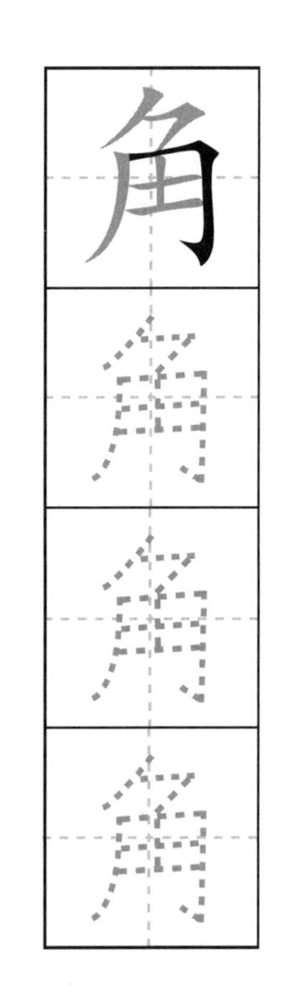

唱筆順：角 七畫

撇
橫撇
撇
橫折鈎
橫
豎
橫

配詞——在空格內填上適當的字：

牛______ 

三______形 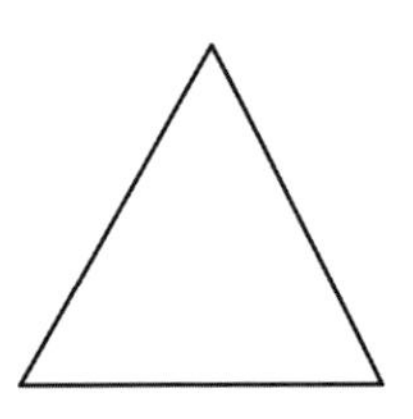

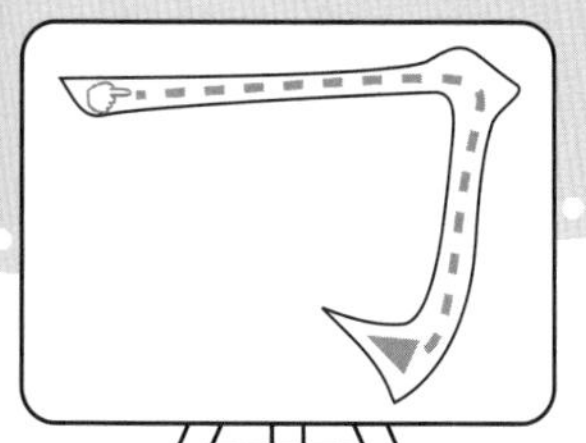

筆畫練習——橫折鈎

有趣的漢字： → 雨 → 雨

唱筆順：雨　八畫

橫　豎　橫折鈎　豎　點　提　撇點　點

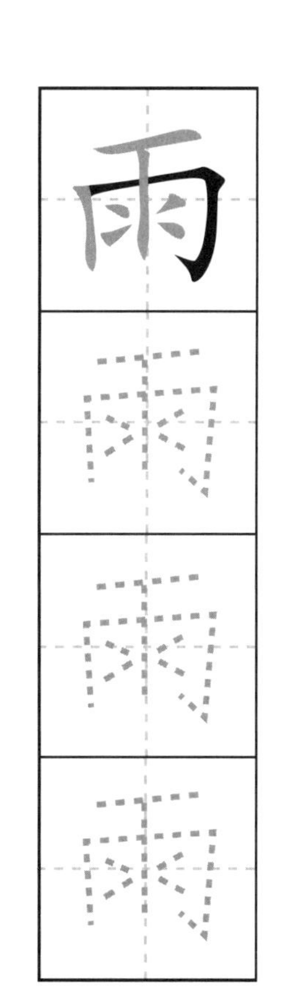
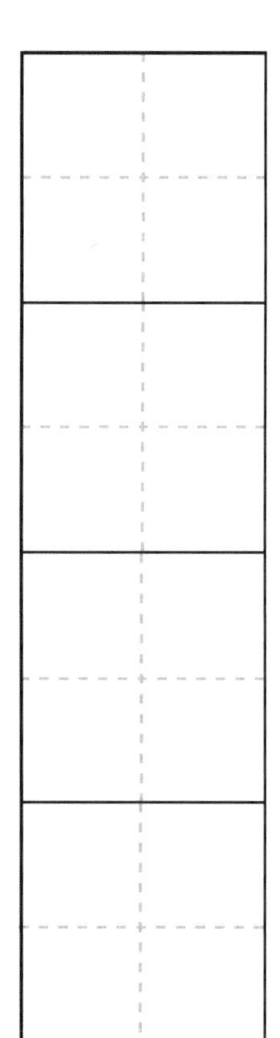
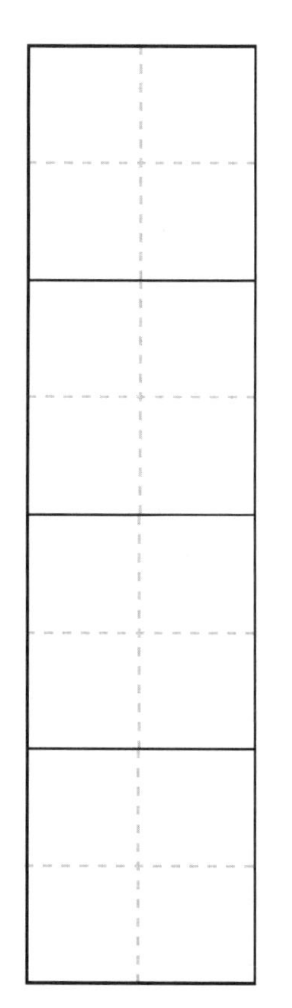

配詞——在空格內填上適當的字：

______天 

______傘

筆畫練習——橫折鉤

有趣的漢字：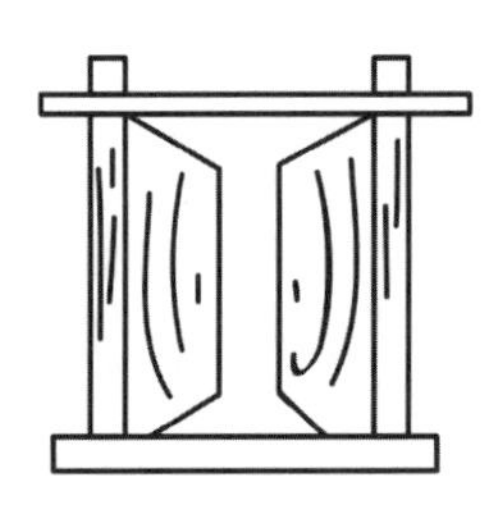 → 𨳇 → 門

唱筆順：門 **八畫**

豎、橫折、橫、橫、豎、橫折鉤、橫、橫

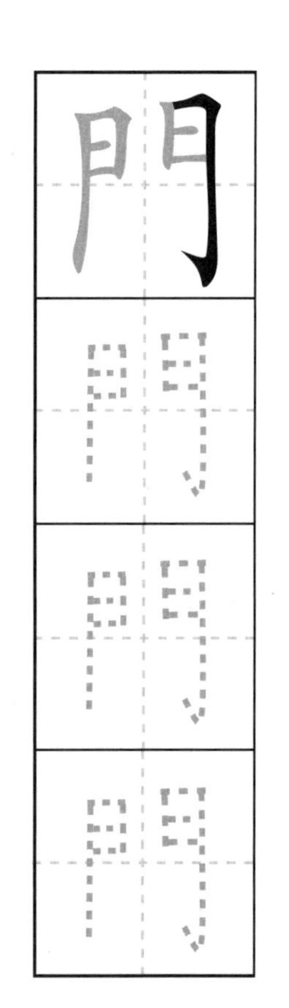

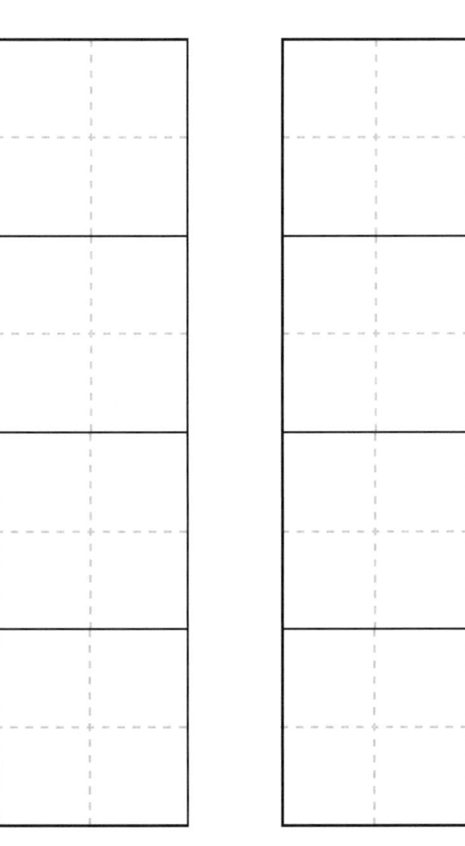

配詞——在空格內填上適當的字：

大_____ 

龍_____ 

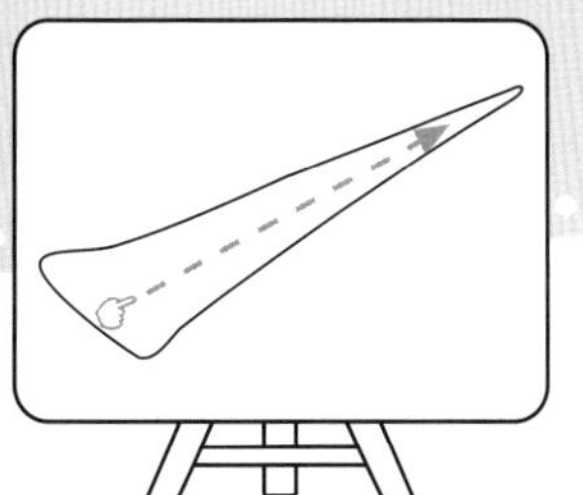
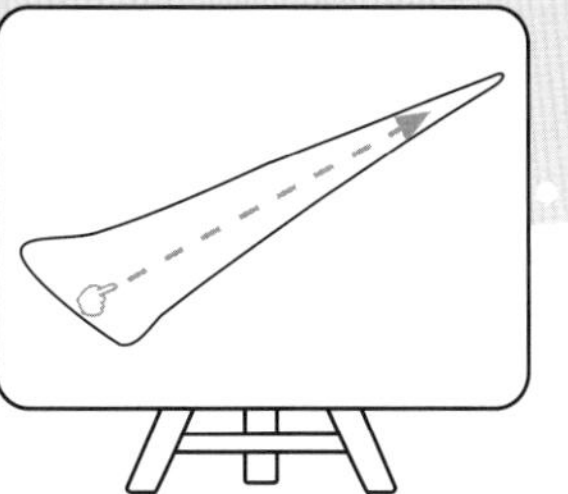

筆畫練習——長提

有趣的漢字：

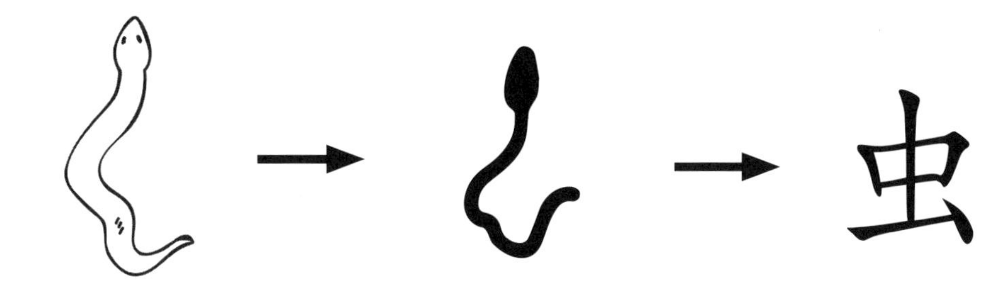

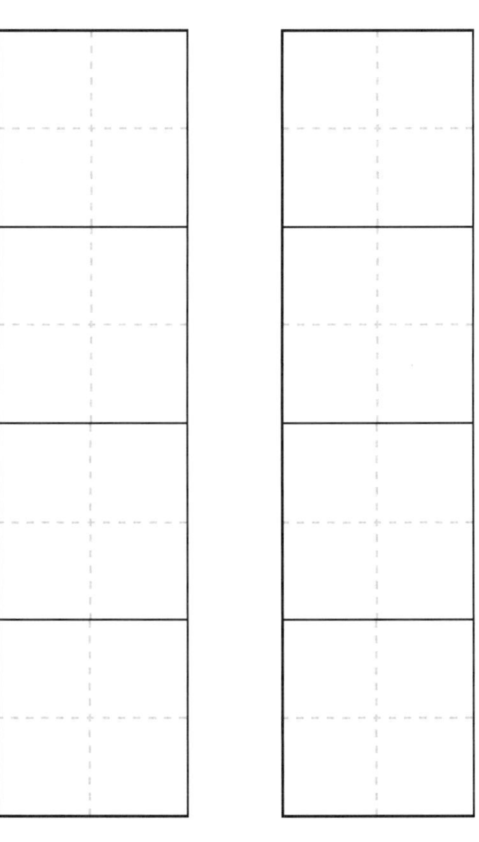

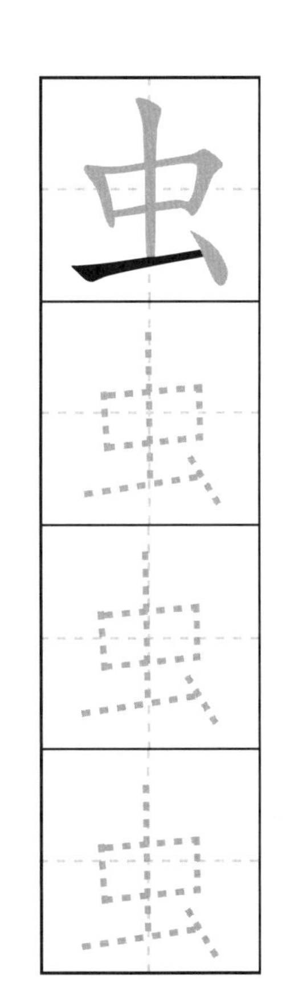

唱筆順：虫　六畫

豎　橫折　橫　豎　提　點

配詞 —— 在空格內填上適當的字：

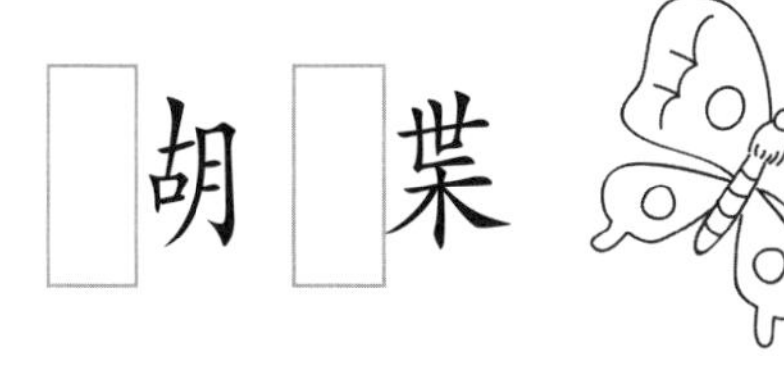

筆畫練習——短提

有趣的漢字： → 羽 → 羽

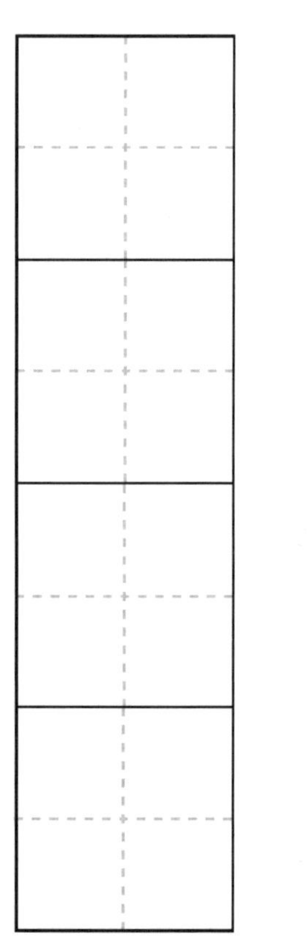
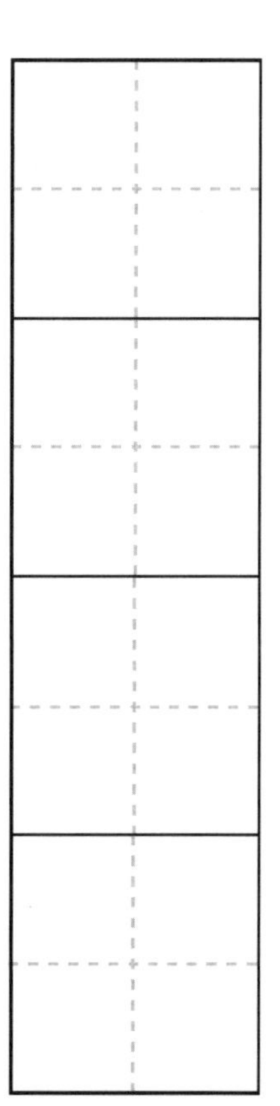
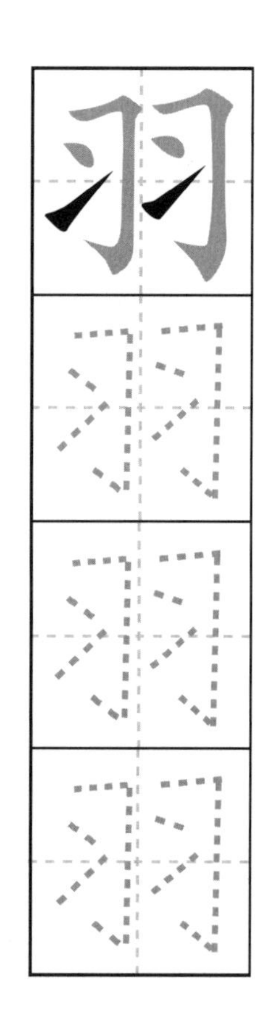

唱筆順：羽　六畫

橫折鈎　點　提　橫折鈎　點　提

配詞——在空格內填上適當的字：

_____毛 

_____扇 

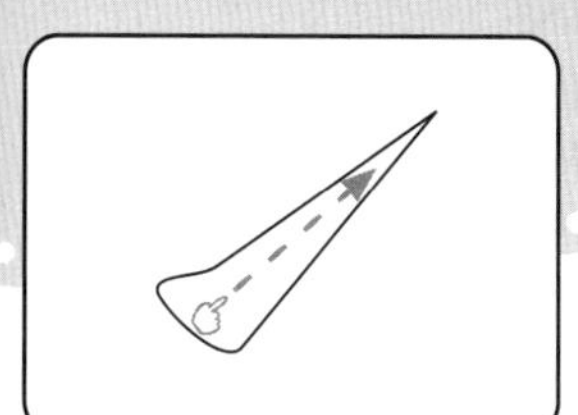

筆畫練習——短提

有趣的漢字：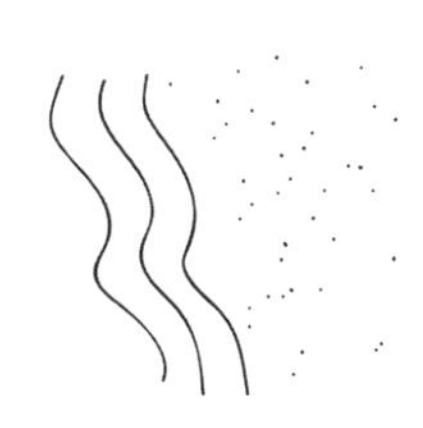 → 沙

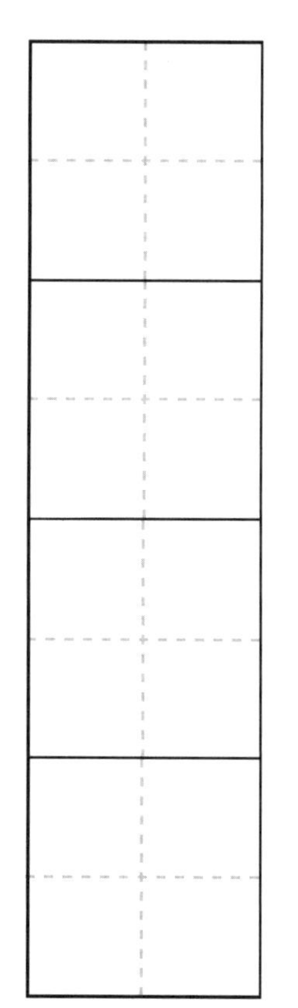
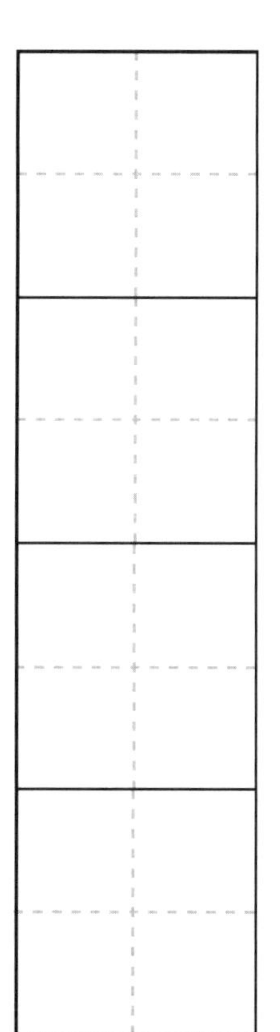
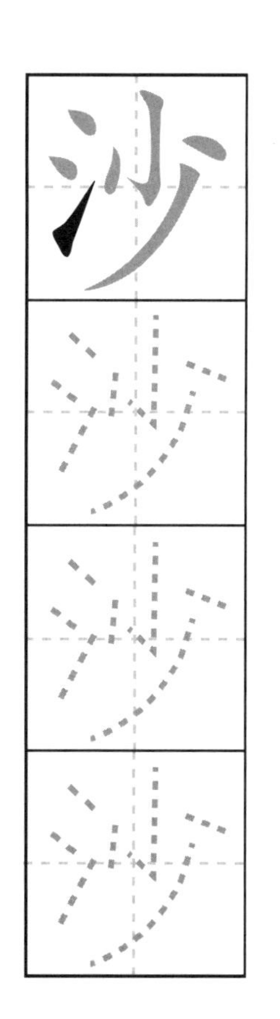

唱筆順：沙 七畫

點 點 提 豎鈎 點 點 撇

配詞——在空格內填上適當的字：

______粒 

______灘 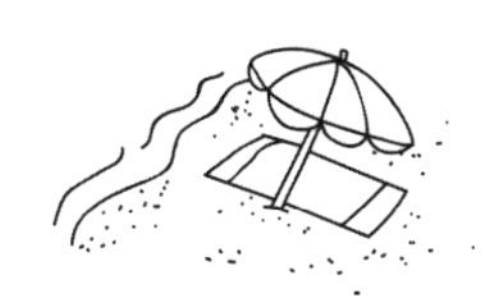

筆畫練習——撇折

有趣的漢字：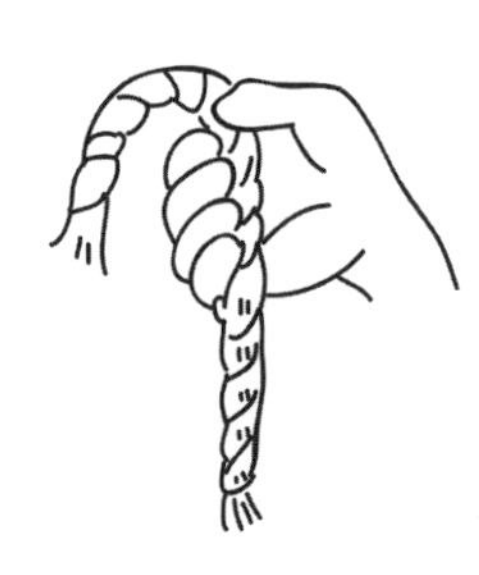 → → 幼

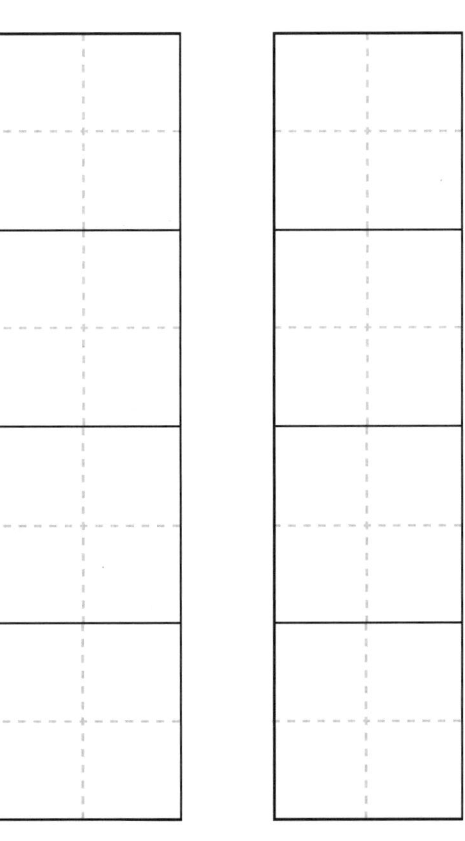

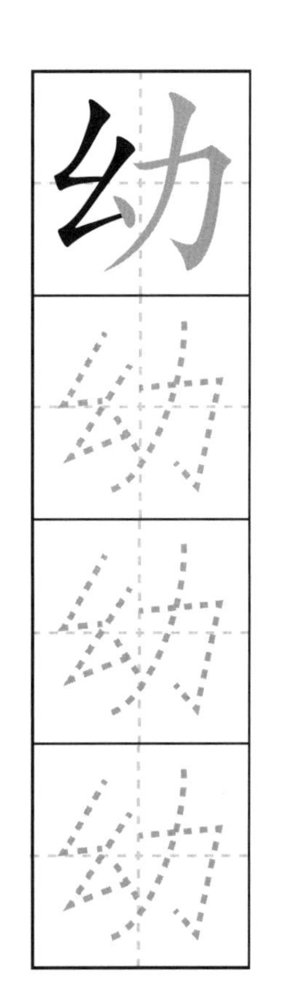

唱筆順：幼 **五畫**

撇折　撇折　點　橫折鉤　撇

配詞——在空格內填上適當的字：

______兒 

______苗

筆畫練習——撇點

有趣的漢字：

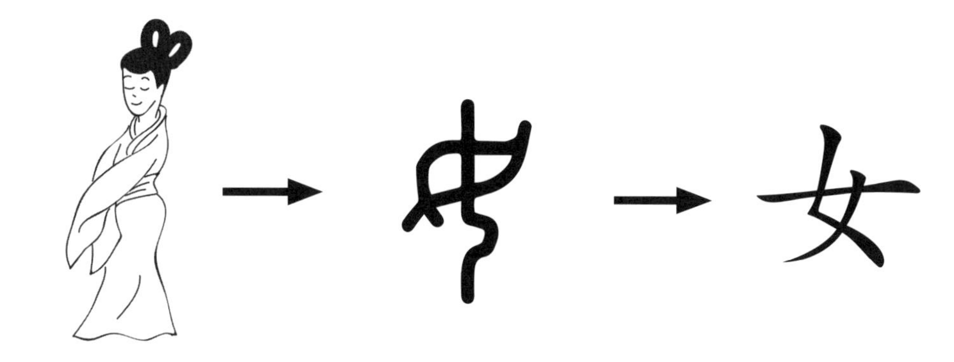

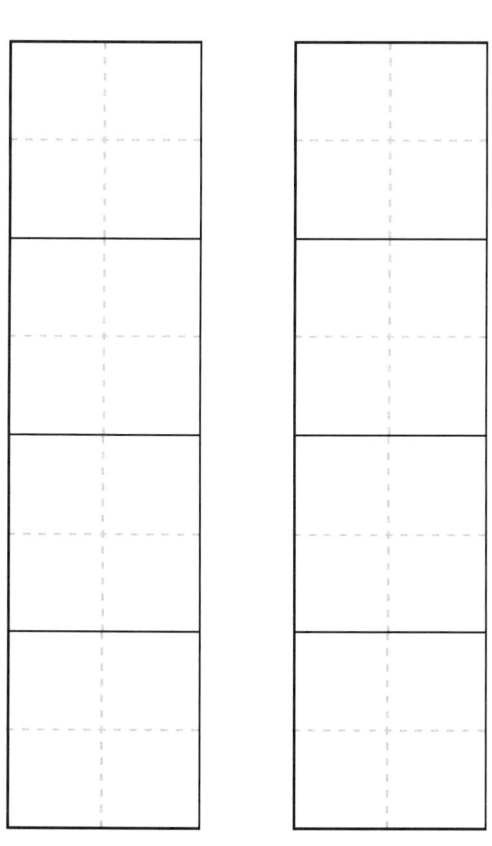

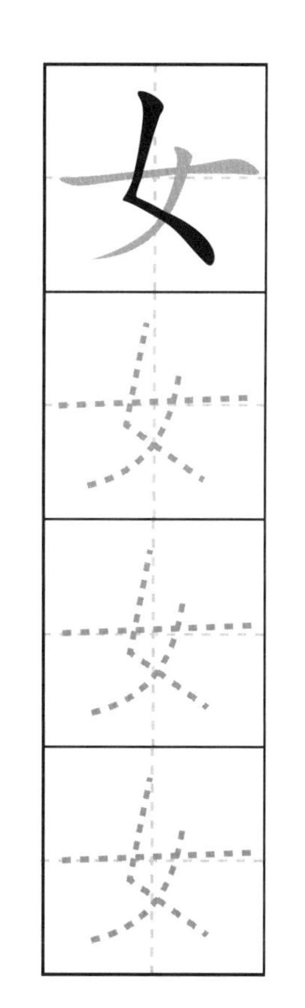

唱筆順：女 三畫

撇點 撇 橫

配詞——在空格內填上適當的字：

＿＿孩 

＿＿警 

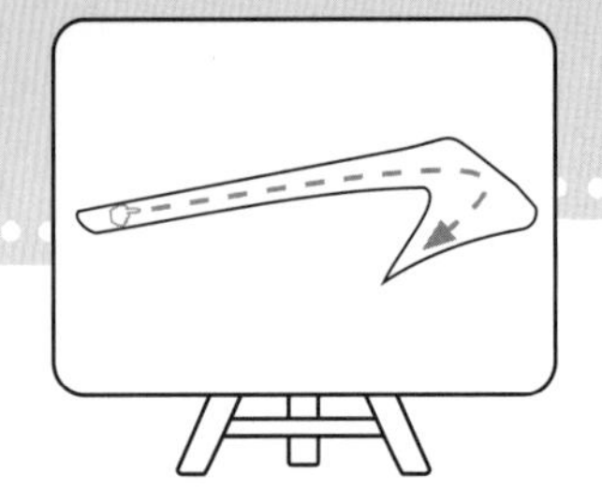

筆畫練習——橫鈎

有趣的漢字： → 㝉 → 安

寫寫看

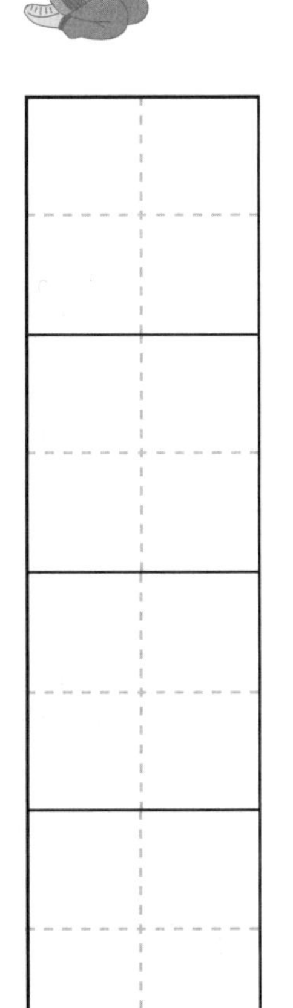

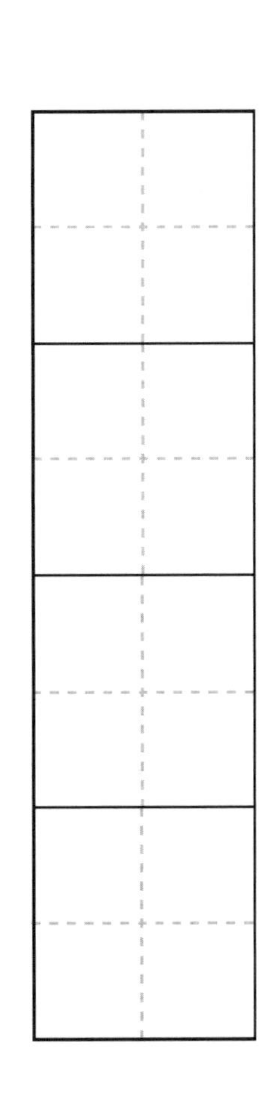

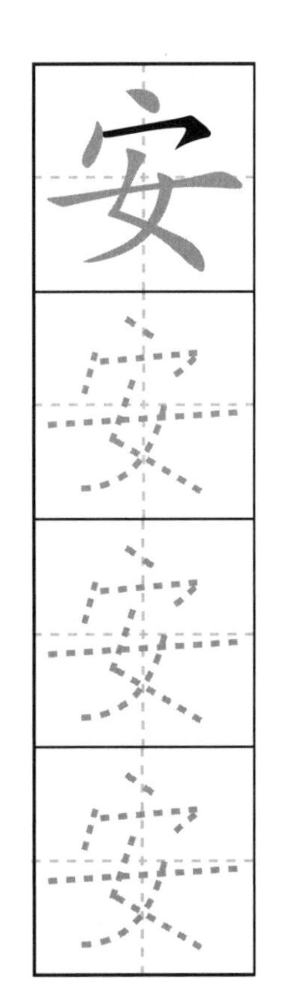

唱筆順：安　六畫

點　點　橫鈎　撇點　撇　橫

配詞——在空格內填上適當的字：

＿＿＿全 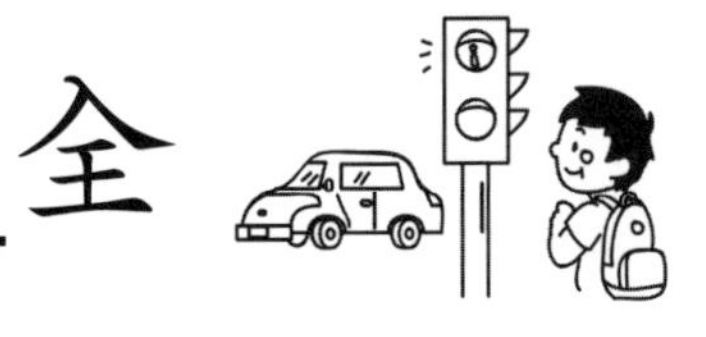

＿＿＿靜

筆畫練習——橫撇

有趣的漢字：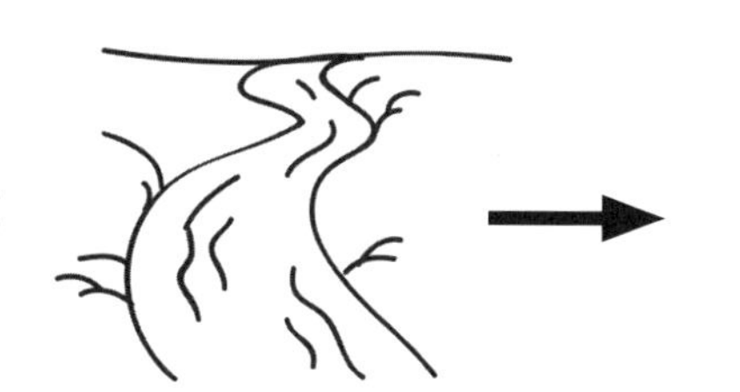 → 水

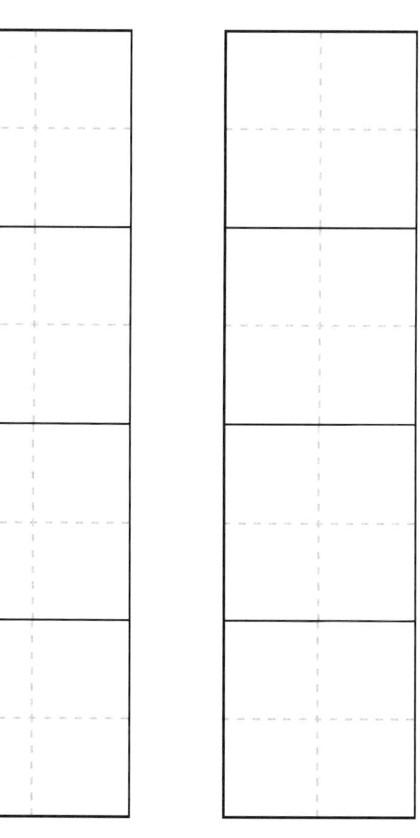

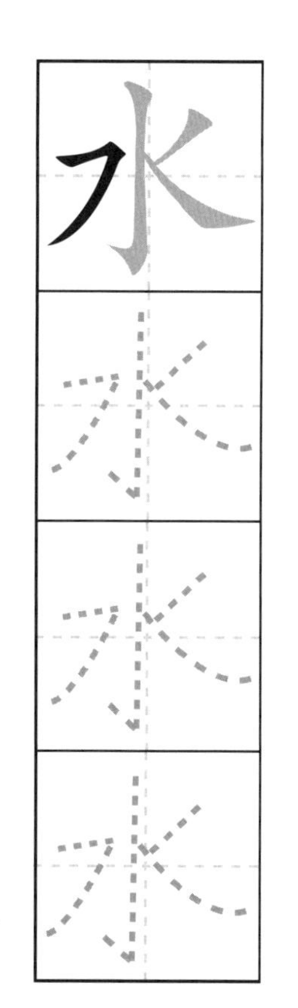

唱筆順：水　四畫

豎鉤　橫撇　撇　捺

配詞——在空格內填上適當的字：

______果 

______池 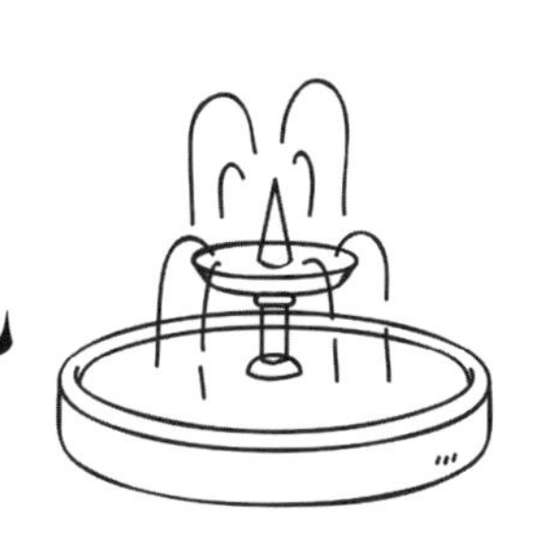

筆畫練習——橫撇

有趣的漢字：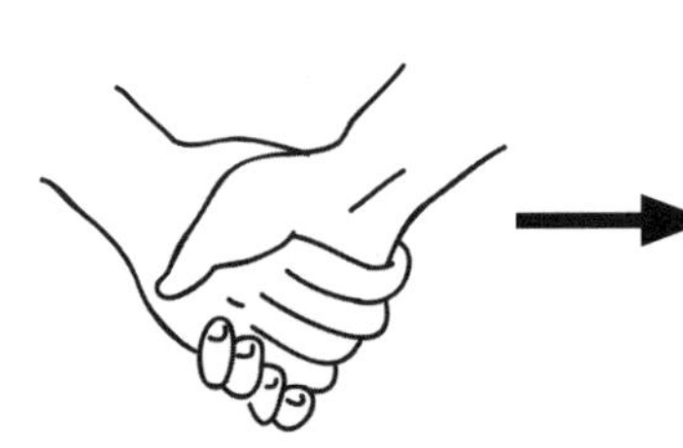 → 友

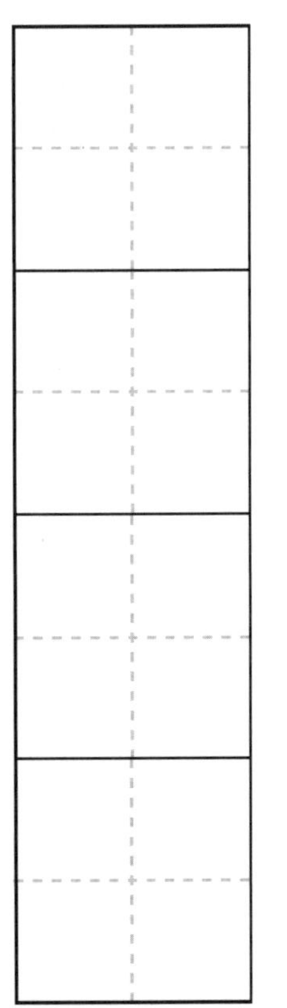

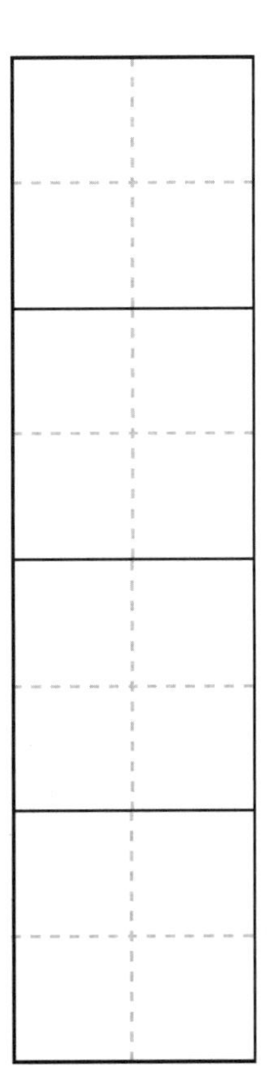

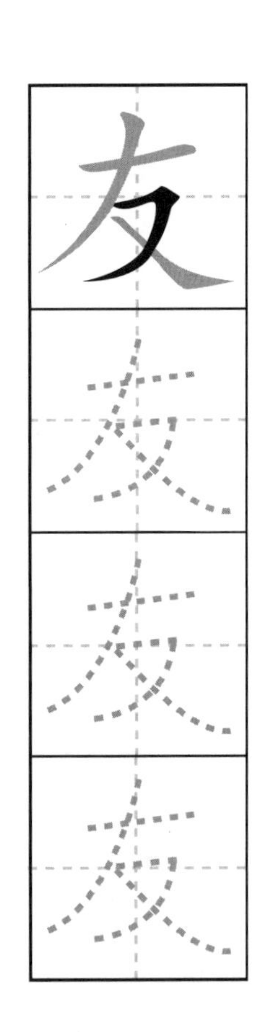

唱筆順：友 **四畫**

一 橫
ナ 撇
橫撇
友 捺

配詞——在空格內填上適當的字：

朋______

筆畫練習——橫撇

有趣的漢字： → → 皮

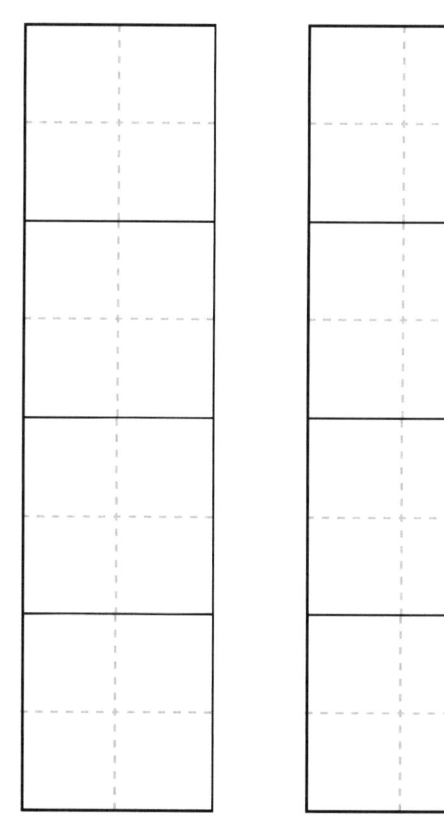

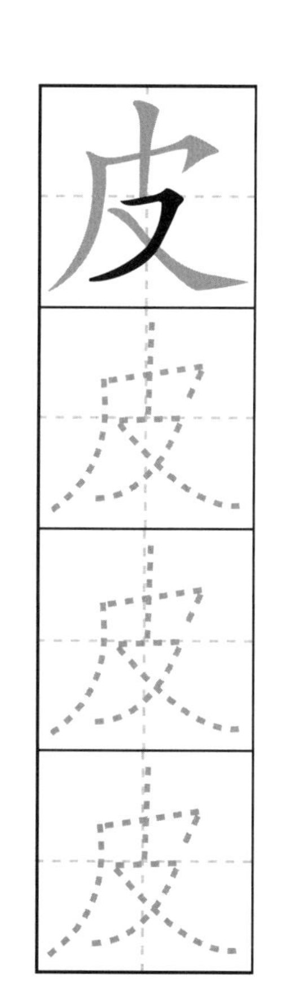

唱筆順：皮 **五畫**

橫鈎、撇、豎、橫撇、捺

配詞 —— 在空格內填上適當的字：

______球 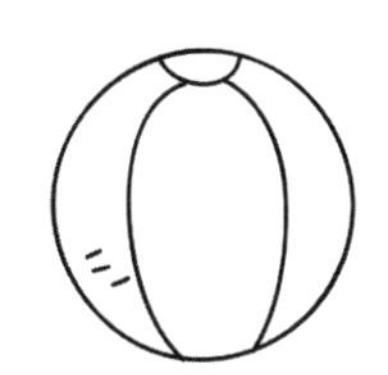

______鞋 

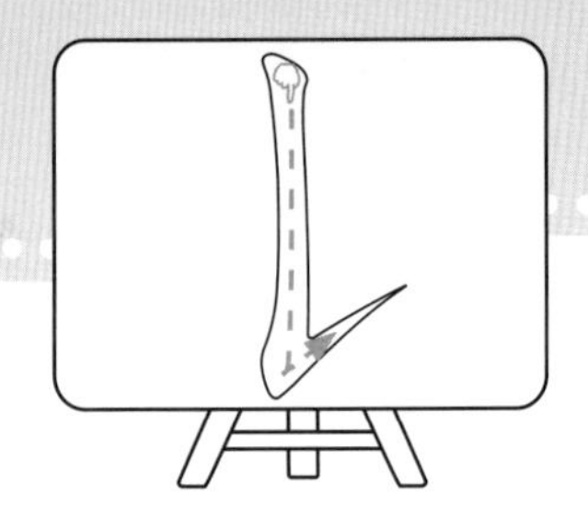

筆畫練習——豎提

有趣的漢字： → 瓜

唱筆順：瓜　五畫

平撇　撇　豎提　點　捺

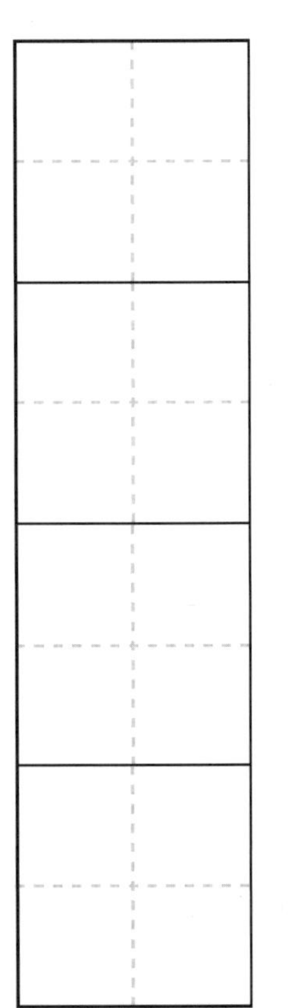
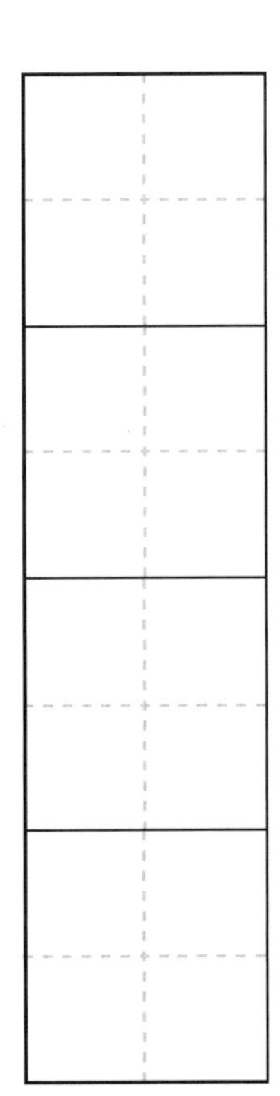
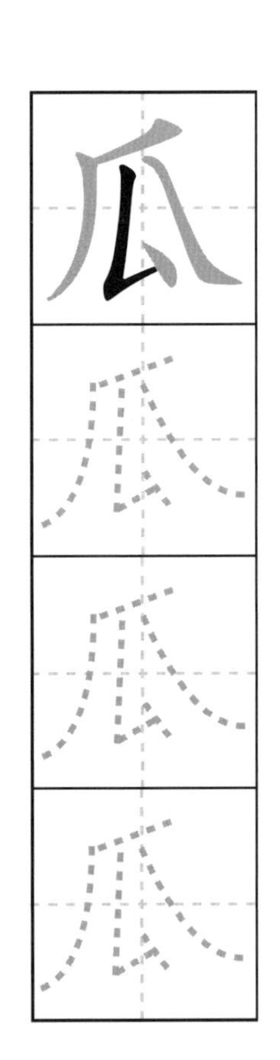

配詞——在空格內填上適當的字：

西______ 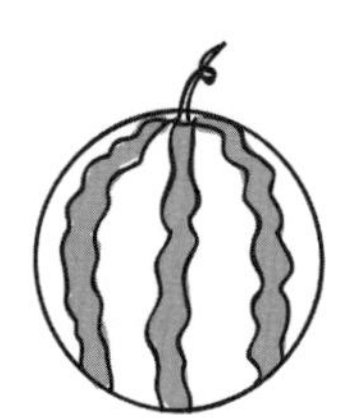

南______ 

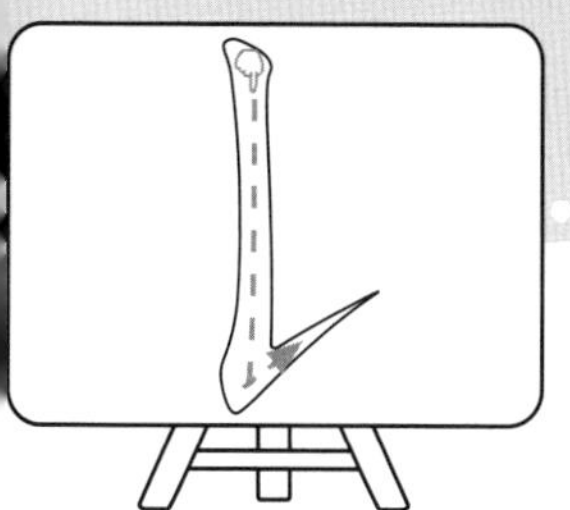

筆畫練習——豎提

有趣的漢字： → 𧘇 → 衣

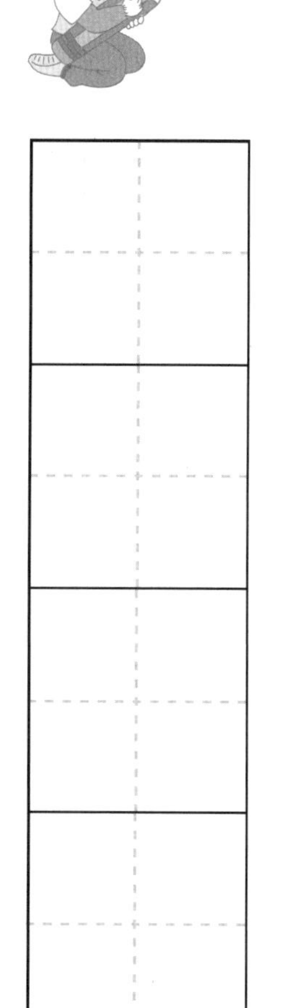

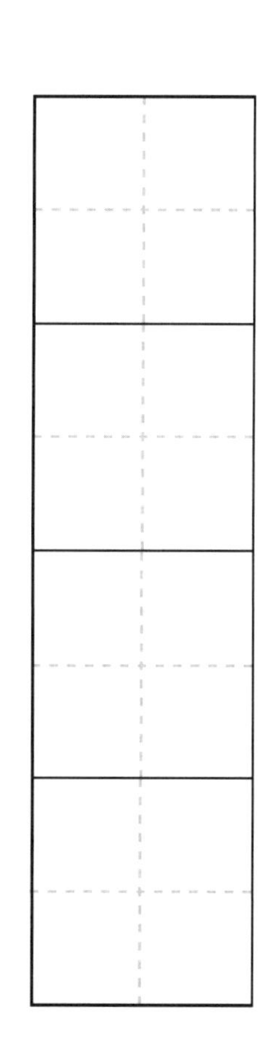
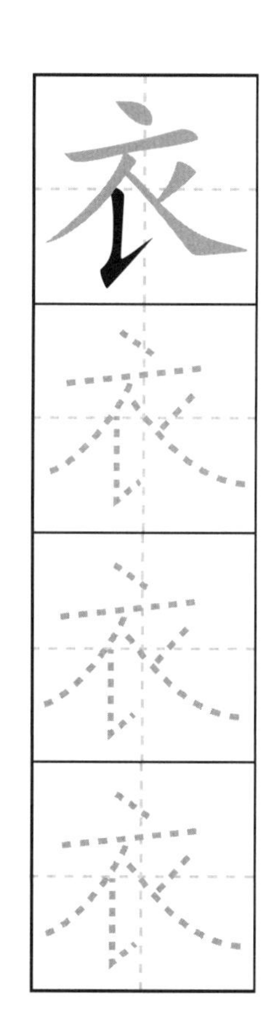

唱筆順：衣 **六畫**

筆畫	筆順
點	丶
橫	亠
撇	广
豎提	衣
撇	衣
捺	衣

配詞——在空格內填上適當的字：

泳______ 

穿______ 

筆畫練習——橫折彎鉤

有趣的漢字： → 乙 → 九

唱筆順：九 二畫

撇 丿

橫折彎鉤 九

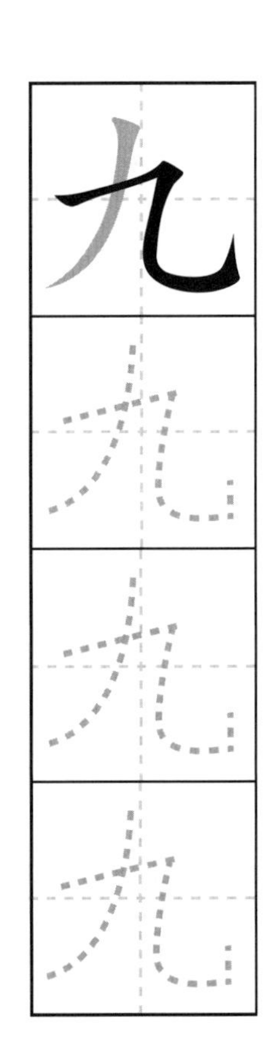

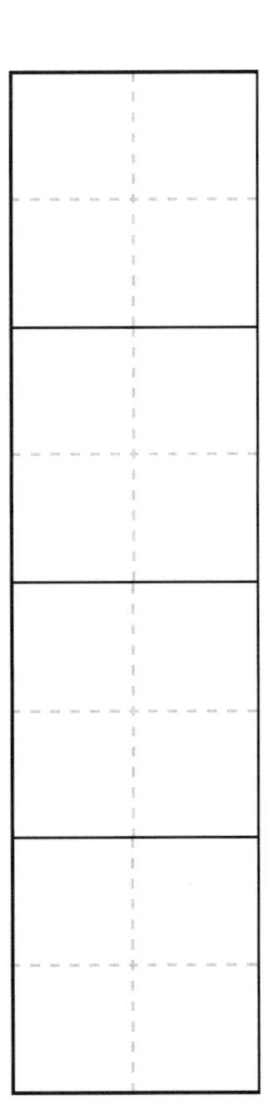

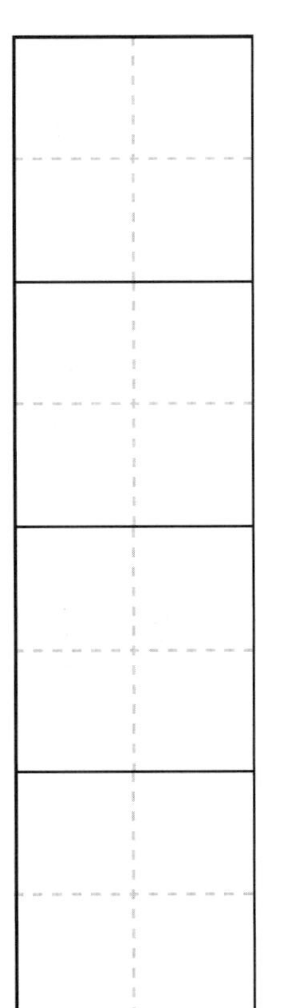

配詞 —— 在空格內填上適當的字：

______月

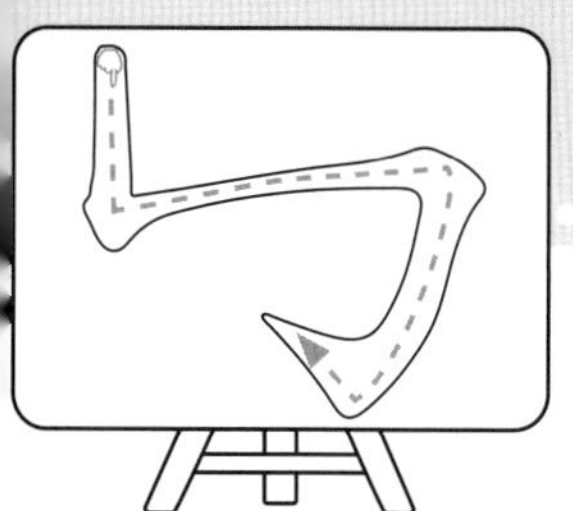

筆畫練習——豎折折鈎

有趣的漢字： → 𢎗 → 弓

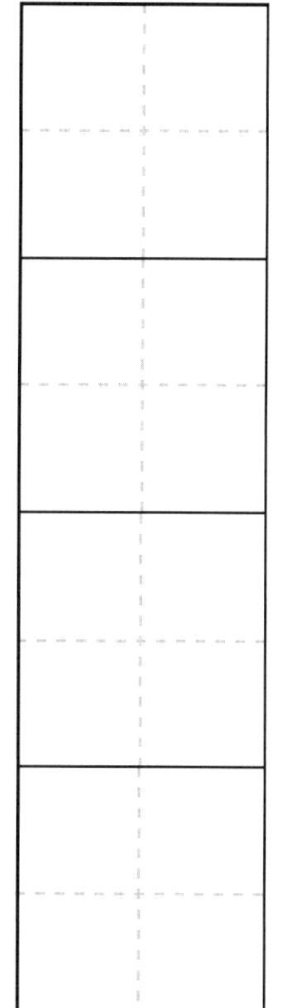

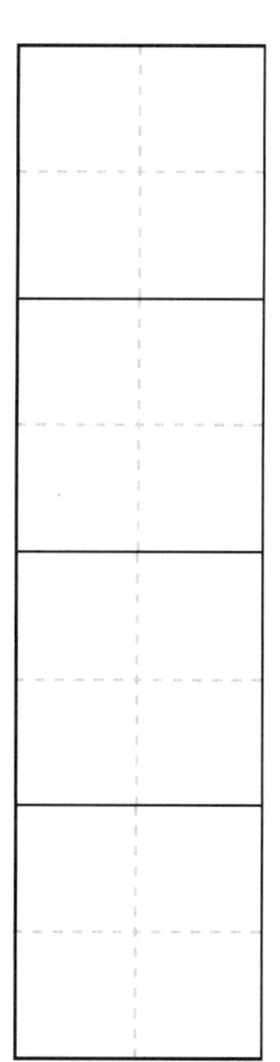

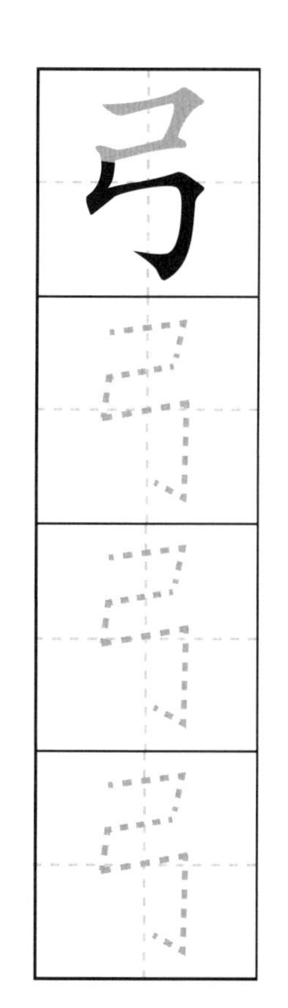

唱筆順：弓　三畫

橫折　橫　豎折折鈎

配詞——在空格內填上適當的字：

______箭 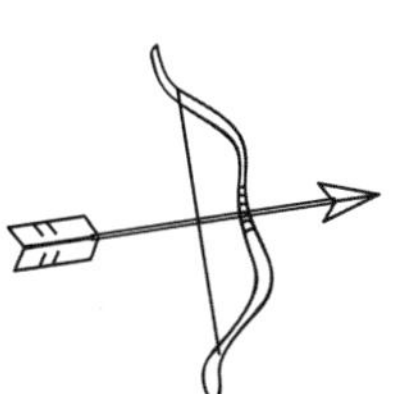

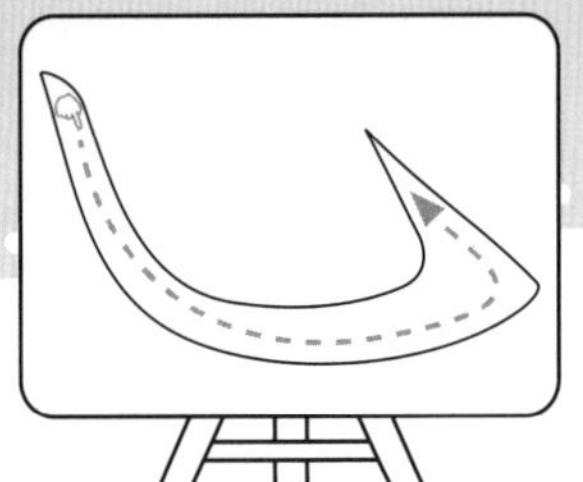

筆畫練習——臥鈎

有趣的漢字：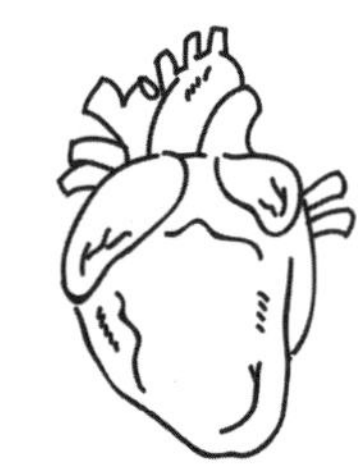 → 心

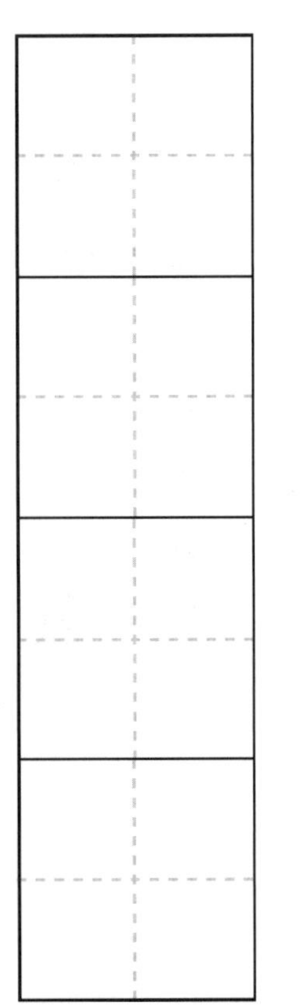
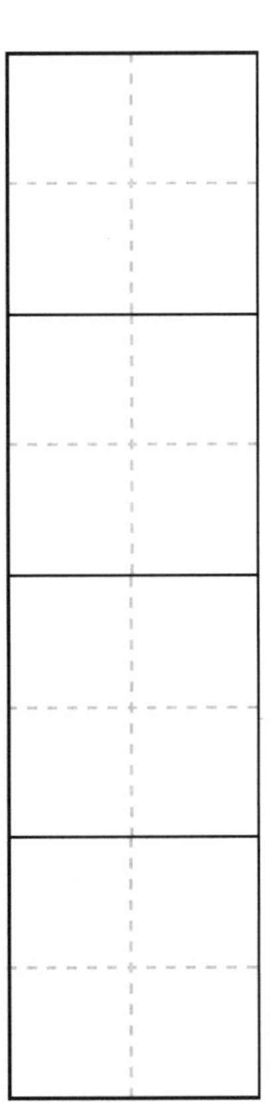
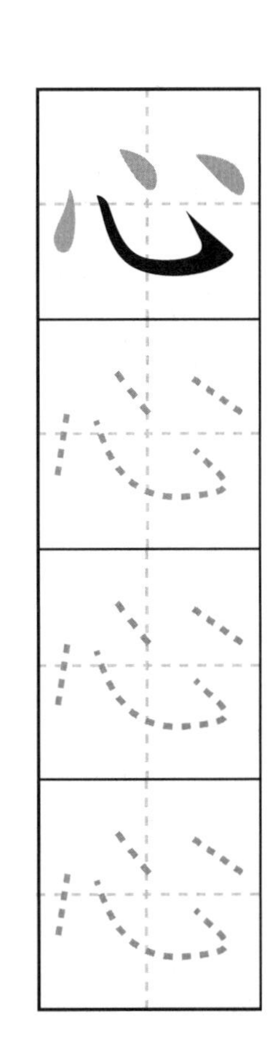

唱筆順：心 四畫

點 臥鈎 點 點

配詞 —— 在空格內填上適當的字：

＿＿＿形 

點＿＿＿ 

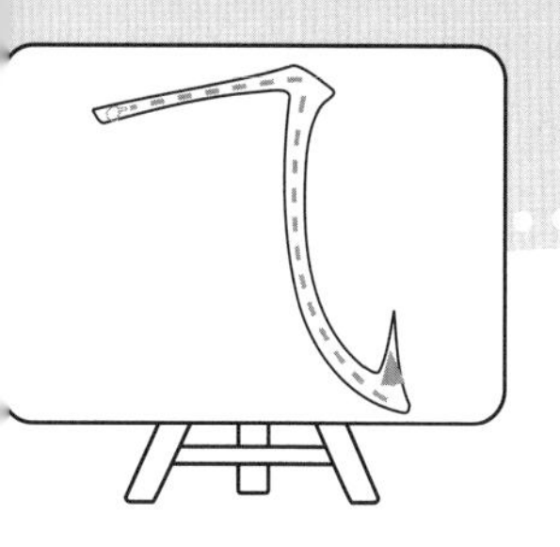

筆畫練習——橫折斜彎鉤

有趣的漢字：

→ 𠙊 → 風

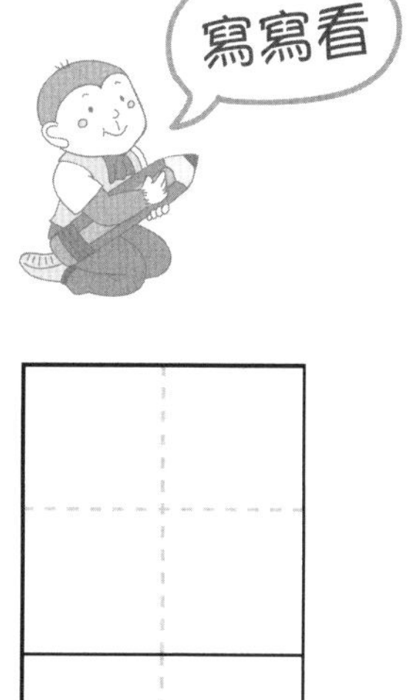

唱筆順：風 九畫

撇 丿
橫折斜彎鉤 几
撇
豎
橫折
橫
豎
提
點

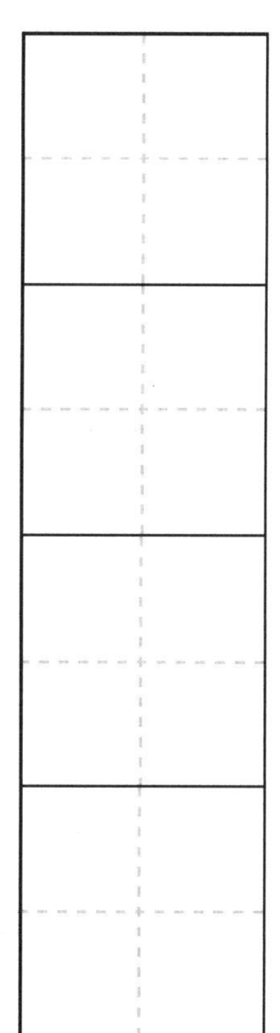

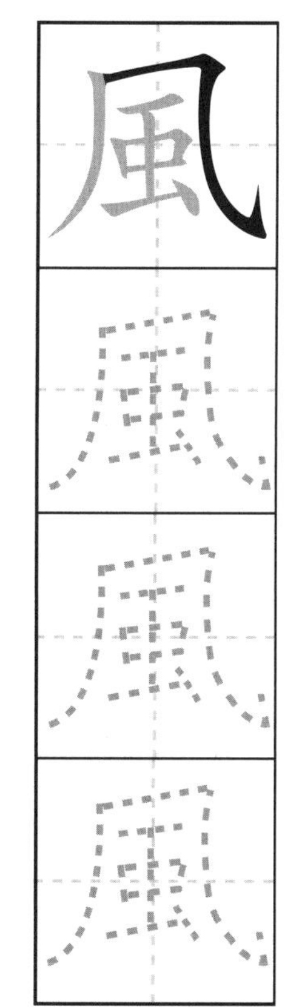

配詞——在空格內填上適當的字：

______箏

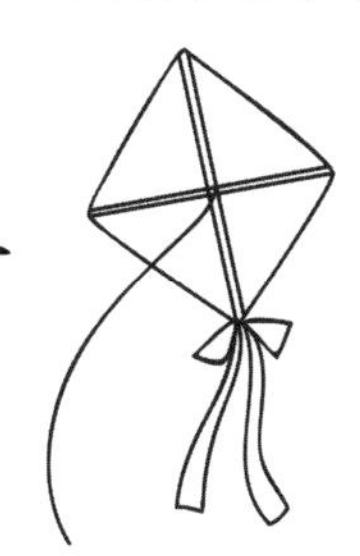

______扇

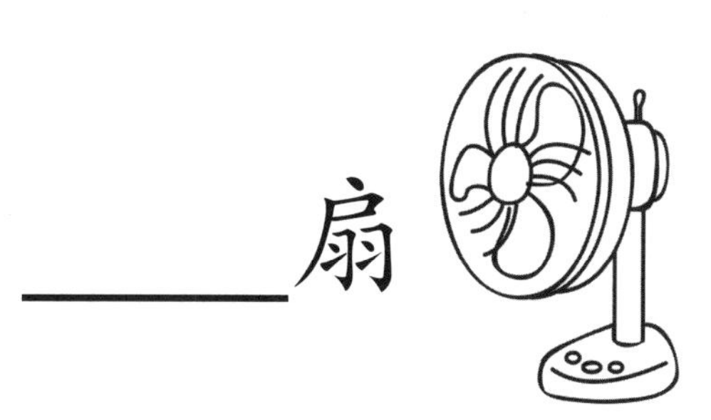

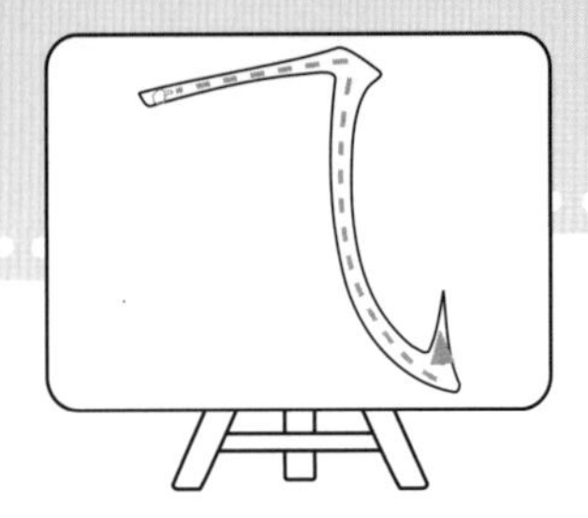

筆畫練習——橫折斜彎鈎

有趣的漢字： → 𣱛 → 氣

唱筆順：氣　**十畫**

撇　橫　橫　橫折斜彎鈎　點

撇點　橫　豎　撇　點

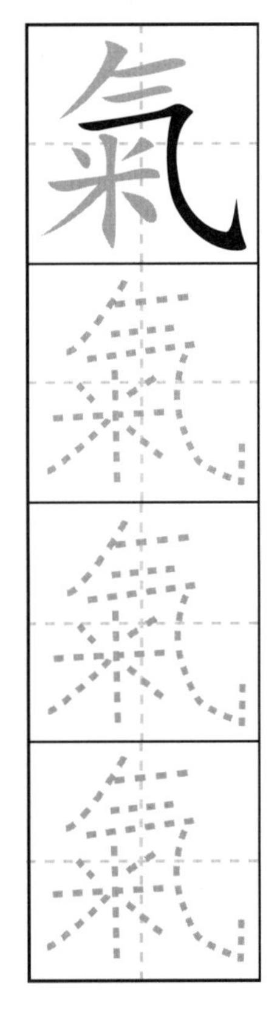

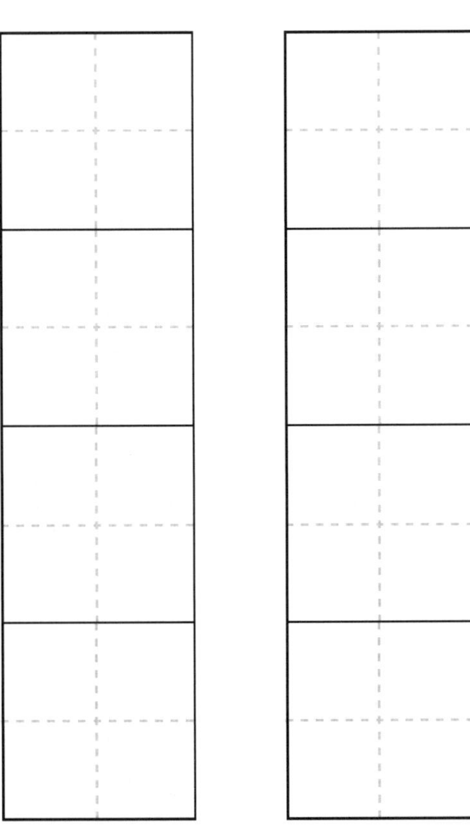

配詞 —— 在空格內填上適當的字：

空______ 

熱______球 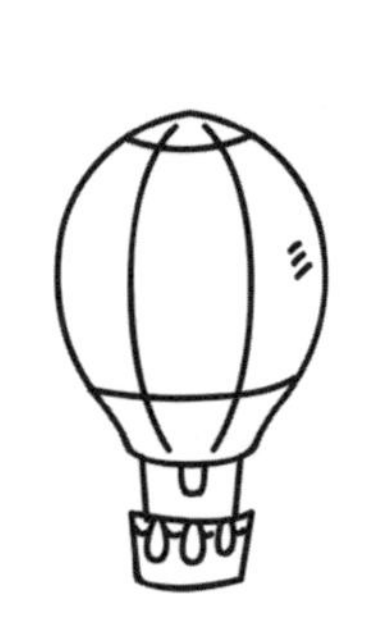

…着虛線寫出來。

光 (撇點)	利 (豎鈎)	狼 (彎鈎)	也 (豎彎鈎)
句 (橫折鈎)	蛋 (長提)	地 (短提)	玄 (撇折)
巡 (撇點)	你 (橫鈎)	叉 (橫撇)	比 (豎提)
凡 (橫折彎鈎)	考 (豎折折鈎)	必 (臥鈎)	氛 (橫折斜彎鈎)

• 升級版 •

愉快學寫字 ⑧

寫字練習：組合筆畫

策　　劃：嚴吳嬋霞
編　　寫：方楚卿
增　　訂：甄艷慈
繪　　圖：何宙樺
責任編輯：甄艷慈、周詩韵
美術設計：何宙樺
出　　版：新雅文化事業有限公司
香港英皇道 499 號北角工業大廈 18 樓
電話：(852) 2138 7998
傳真：(852) 2597 4003
網址：http://www.sunya.com.hk
電郵：marketing@sunya.com.hk
發　　行：香港聯合書刊物流有限公司
香港荃灣德士古道 220-248 號荃灣工業中心 16 樓
電話：(852) 2150 2100
傳真：(852) 2407 3062
電郵：info@suplogistics.com.hk
印　　刷：中華商務彩色印刷有限公司
香港新界大埔汀麗路 36 號
版　　次：二〇一五年六月初版
二〇二四年八月第十一次印刷

版權所有・不准翻印

ISBN: 978-962-08-6299-1

© 2002, 2015 Sun Ya Publications (HK) Ltd.

18/F, North Point Industrial Building, 499 King's Road, Hong Kong
Published in Hong Kong SAR, China
Printed in China